HUNDE VERHALTEN verstehen

Müller Rüschlikon

Petra Krivy
Udo Gansloßer

Mein Hund – WILL ER NUR SPIELEN?

Müller Rüschlikon

IMPRESSUM

Einbandgestaltung: R2 I Ravenstein, Verden

Titelfoto: Christiane Bergmann / pixelio.de

Bildnachweis:
Klaus Andrich: S. 31, 92, 93; Siegfried Baier/pixelio.de: S. 103; Stefan Bayer/pixelio.de: S. 28; Christiane Bergmann/pixelio.de: S. 30; Uschi Dreiucker/pixelio.de: S. 88; Claudia Feldbusch: S. 22, 27, 48, 49, 53, 55, 65, 67, 85, 115, 117; Susann Funda: S. 6, 14, 15, 18, 54, 56, 57, 59, 105, 111, 113; Martina Goslar/pixelio.de: S. 66; M. Großmann/pixelio.de: S. 108; Alexandra H./pixelio.de: S. 2; Stefan Heerdegen/pixelio.de: S. 110; Bernd Kasper/pixelio.de: S. 42, 43; Regina Kaute/pixelio.de: S. 71; Liana Klein/pixelio.de: S. 61; Kurt Klement/pixelio.de: S. 95; Ingrid Kranz/pixelio.de: S. 37; Petra Krivy: S. 95; Kunstzirkus/pixelio.de: S. 17; Angelika Lanzerath: S. 63; Lars80/pixelio.de: S. 47; Karl-Heinz Laube/pixelio.de: S. 73; Marlene/pixelio.de: S. 76, 77; Kurt Michel/pixelio.de: S. 98, 99; Michael Muchow/pixelio.de: S. 34; Katja Nolte/pixelio.de: S. 51; Brigitta Pertschy: S. 16, 21, 23, 33, 60; Jennifer Piepenbrink/pixelio.de: S. 124, 125; pixabay: S. 8, 9, 10, 12, 13, 19, 39, 41, 45, 78, 82, 83, 86, 87, 90, 101, 107, 126; pixelpony/piqs.de: S. 68, 69; Joerg Plenert/pixelio.de: S. 100; A. S./pixelio.de: S. 96; Helmut J. Salzer/pixelio.de: S. 52; Andrea Seeliger: S. 24, 25, 75; Irene Sommerfeld-Stur: S. 32, 114; Ira Vaculik: S. 20; Dajana Wagener: S. 120, 123; Michael Wecks/pixelio.de: S. 29; A. Wedel/pixelio.de: S. 36, 81; Jutta Weinert/pixelio.de: S. 74

ISBN 978-3-275-02170-3

Postfach 103743, 70032 Stuttgart
Ein Unternehmen der Paul Pietsch Verlage GmbH & Co. KG

1. Auflage 2019

Sie finden uns im Internet unter www.mueller-rueschlikon-verlag.de

Lektorat: Claudia König
Innengestaltung: R2 I Ravenstein
Druck und Bindung: Graspo CZ, 76302 Zlin
Printed in Czech Republic

INHALT

HUNDE VERHALTEN verstehen

Mein Hund – WILL ER NUR SPIELEN?

In entspannter Atmosphäre gemeinsam Nähe und Freude empfinden!

EINLEITUNG

Es gibt klar definierte Anzeichen und Kriterien, nach denen man Spiel erkennen und von anderen Umgangsformen unterscheiden kann. Und es gibt mannigfaltige Informationen dazu: Bücher, Artikel in Zeitschriften, Abhandlungen in Magazinen, Filme auf Video-Channels (mit und ohne Erläuterungen, die dann dazu noch mehr oder weniger stimmig sind). Dennoch herrscht eine große – und teilweise verblüffende bis erschreckende! - Unkenntnis in Hundehalterkreisen zu dem, was Spiel ist und zu all dem Sonstigen, was landläufig als Spiel bezeichnet wird. Was ist Spiel, was ist Ernst? Was kann (und sollte) man »laufen lassen«, wann darf (und muss) man eingreifen? Und wenn eingreifen, dann wie? Gibt es überhaupt DEN pauschalen Rat und DIE pauschale Regieanweisung? Nein, die gibt es nicht. Und es kann sie auch nicht geben. Letztlich bleiben nur die Information und Schulung des Hundehalters, damit er, der er seinen Hund kennt (kennen sollte!), Situationen einzuschätzen lernt. Er sollte immer einen Plan B parat haben, wenn Plan A nicht funktioniert. Und für den Fall der Fälle zahlen sich eventuell auch Plan C und D noch aus!

Es ist wichtig zu begreifen, dass

- nicht jede Interaktion Spiel ist, aber jedes Spiel eine Interaktion (mit Subjekt oder Objekt)!
- nicht alles, was Spaß macht, Spiel ist, aber Spiel immer Spaß machen sollte!
- nicht alles, was kontrollfrei und regellos vonstattengeht, Spiel ist. Ganz im Gegenteil: Es gibt Regeln im Spiel und die Spielpartner bestehen auch auf den Einhalt dieser Regeln!
- nicht zu jeder Tages- und Nachtzeit, immer und überall, durch jeden und jedes ein Spiel initiiert werden kann, soll, muss – und darf!
- nicht jeder Hund gleichermaßen spielen mag!

Spiel mit Anderen, ob Mensch oder anderem Tier, ist eine Zeit, die Spaß machen und Freude bringen soll. Eine gemeinsam verbrachte Zeit, die das Miteinander stärkt und sozial positiv besetzt ist. Nicht selten werden aber aufgezeigte Stresssymptome nicht erkannt und als »Spiel« fehlinterpretiert!

Diese **gemeinsame Zeit**

- basiert auf und verstärkt das Vertrauen.
- basiert auf und verstärkt die Berechenbarkeit.

- basiert auf und intensiviert die Sympathie zueinander und füreinander.
- verschafft Lust auf mehr (gemeinsame Zeit).
- weckt Neugier (auf mehr gemeinsame Aktionen).
- verbreitet Wohlbefinden und -behagen.
- schult Reaktionsfähigkeit, Körperbeherrschung und Nerv- und Muskelsysteme.

Auf den folgenden Seiten bemühen wir uns, genau diese Hintergrundinformationen darzulegen und erklärend auszuführen. Wir wollen versuchen, den Hundehalter zu befähigen, das Verhalten seines Hundes, aber auch etwaiger Hundekumpel, korrekt zu interpretieren und Situationen vorausschauend zu erfassen. Da es immer schwierig bis gefährlich ist, in eskalierendes Geschehen sinnvoll und schadensfrei einzugreifen bzw. eingreifen zu können, ist es wichtig zu erkennen, was

- eben kein Spiel (mehr) ist,
- von vornherein zu keiner Spielsituation führen kann (und deshalb vermieden werden sollte)
- wann eine Interaktion zu kippen droht und deshalb frühzeitig unterbrochen werden sollte.

Nicht jede Interaktion ist Spiel, aber jedes Spiel ist eine Interaktion.

Wie bereits gesagt, es gibt nicht DEN einen Aspekt, der alles offenbart, und DIE Anleitung, wie dann verfahren werden muss. Deshalb ist auch dieses Buch wieder **kein** Trainingsbuch, sondern ein (hoffentlich hilfreicher!) Ratgeber zum Beobachtungslernen für Menschen. Quasi gemäß dem Motto: Genaues Schauen nützt, korrektes Interpretieren schützt! Getreu unserer Absicht, hier die wichtigsten Erkenntnisse auf einen Blick, auch für die schnelle Information, zusammenzustellen, werden wir im Folgenden nur auszugsweise Original- Literaturzitate einbringen. Die genauen Hintergründe und exakten Studienergebnisse einschließlich der vollständigen Literaturzitate, finden sich in der im Anhang aufgelisteten Literatur wie z. B. in den beiden Büchern von Mechtild Käufer »Spielen bei Hunden«, 2011, sowie Mechtild Käufer und Udo Gansloßer »Auszeit auf Augenhöhe«, 2017.

In diesem Sinne: Lasst die Spiele beginnen – aber nicht uferlos ausarten.

1. SPIELEN HUNDE ÜBERHAUPT?

Im Rahmen der seit 1993 jährlich stattfindenden »Wolfswinkeler Hundetage«, einer durch die Gesellschaft für Haustierforschung organisierten Veranstaltung mit stets wechselnden Themen und hochkarätigen Referenten und mit viel Wissen, wurde im Jahr 2000 »Der Hund im Spiel« behandelt. Zu diesem Zeitpunkt waren die Meinungs- und Haltungsfronten noch recht massiv voneinander getrennt. Während die einen meinten, es gäbe grundsätzlich kein Spiel bei Tieren, dieses sei evolutionsbiologisch gar nicht vorgesehen und reine Energieverschwendung, dadurch unnütz und nicht vorkommend, führten andere eine Vielzahl von Beispielen an, bei welchen Tiere völlig zweck- und sinnfreie Handlungen vollführten, die einzig und allein als Spiel zu definieren seien. Daraus entbrannte eine unvergessene Diskussion, ob diese angeblichen Spielsequenzen nicht ausschließlich »Lernen für das Leben« bedeuten würden und somit kein Spiel, sondern Lernvorgänge seien, dazu da, um eigenes Können samt der physikalischen und mentalen Fähigkeiten zu überprüfen, zu formen, zu verfeinern und zu festigen. Und natürlich passiert gerade auch (!) das im Spiel, doch sollte man den Nutzen von Spielgeschehen nicht darauf reduzieren. Spiel kann viel mehr! Spiel stärkt Muskeln, Bänder, Sehnen und Gelenke, es modifiziert Verhaltensweisen und weckt Interesse am sozialen Miteinander, es trainiert Bewegungsabläufe und schafft Kenntnisse über die belebte und unbelebte Umwelt. Es fördert und stärkt die Selbstwahrnehmung und das Selbstbewusstsein, aber auch das Interesse am Gegenüber. Und es macht Spaß, einfach nur Spaß.

Spiel ist auch in der freien Natur bei Wildtieren zu beobachten, schafft Nähe und stärkt das Zusammengehörigkeitsgefühl.

Dabei ist es sehr bemerkenswert, dass die Diskussion darüber, ob Tiere spielen würden oder eben nicht, in Hundekreisen sehr viel weiter verbreitet ist als im Bereich der Verhaltenswissenschaften selbst. Der bekannte Budapester Hundeforscher Prof. Ádám Miklósi beginnt seine Vorträge zum Thema Spielverhalten oft mit einer Bezugnahme auf einen amerikanischen Bundesrichter der 1950er Jahre. Ádám Miklósi zitiert in leicht veränderter Form diesen dann mit dem etwas provokant wirkenden Satz, dass es mit dem Spielen wie mit der Pornographie wäre. Die Aussage des amerikanischen Richters auf die Frage, woran er denn Pornographie erkennen würde, war nämlich: »Ich erkenne es, wenn ich es sehe!« (»I know it, when I see it.«) Und das gilt tatsächlich beim Spielverhalten. Nicht nur für viele erwachsene Menschen und offensichtlich auch Hunde, sondern gerade auch für kleinere Menschenkinder. Diese können sehr schnell erkennen, ob zwei Kumpane auf dem Schulhof oder Spielplatz ernsthaft kämpfen oder eben spielerisch toben und raufen.

Auch großwüchsige, schwere Hundetypen können und wollen sich bewegen!

Selbst wenn es Energie kostet und gelegentlich körperlich anstrengt, so entspannt Spiel auch mental und kann den Geist harmonisieren und ausgleichen. Obwohl es definitiv die hochgepuschten »Zwangsaktivisten« gibt – und vielen Hundebesitzern ist die elementare Bedeutung von Ruhe, gerade im ersten Lebensjahr nicht ausreichend bewusst, so können viele Hundetrainer ein Lied davon singen, dass manche Hunde zu sehr in Watte gepackt werden und gerade Rennspiele und alles sonst, was mit Bewegung zu tun hat, stark eingeschränkt und reglementiert werden. Großwüchsige Hundetypen dürfen angeblich – und viele besorgte Züchter raten dies ihren Welpenkäufern bis heute dringend an – nicht mehr als fünf Minuten pro Lebensmonat laufen, keine Treppen steigen, keine übermäßigen Renn- und Rempelspiele erleben. Nicht selten ist das Ende vom Lied, dass Hunde zuhause über Tische und Bänke gehen, mit ihrer jugendlichen Energie nicht wissen wohin und Verhaltensweisen entwickeln, die eigentlich kein Hundehalter so gern haben möchte. Das kann von Zerstörungswut bis Randale an der Leine alles bedeuten. Dank der Bewegungsstudien von Prof. Dr. Martin Fischer und seinem Team aus Jena gibt es zu diesem Thema aber eine Fülle von neuen Erkenntnissen und es macht Sinn, sich damit auseinanderzusetzen. Ein Zuviel ist ebenso schädlich wie ein Zuwenig. Es gilt – wie fast immer im Leben – den goldenen Mittelweg zu finden. Ein entspannter, zufrieden und ausgeglichen wirkender Hund, ist schon einmal zumindest ein guter Indikator.

Mittlerweile kann man sagen, dass Spiel und Spielverhalten mit zu den am umfangreichsten verhaltensbiologisch untersuchten Verhaltensweisen zählen. Immer mehr Berichte und Filmsequenzen von spielenden Tieren unterschiedlichster Art gibt es zu sehen. Anfang 2012 avancierte eine Krähe zum YouTube-Star. Eine russische Familie hatte sie entdeckt und ein Handyvideo gemacht, wie sie auf einem Deckel ein verschneites Hausdach herunter rodelte. Unten angekommen, packte der Rabenvogel den Deckel mit dem Schnabel und flog wieder hinauf, um von oben eine erneute Rodelpartie zu starten. Er versuchte dabei sogar auch eine andere Dachseite, die aber weniger Schnee trug. Da das Rodeln deshalb dort nicht so gut gelang, wechselte die Krähe wieder auf die verschneitere Seite – und weiter ging es mit dem offensichtlichen Spaß, flügelschlagend das Gleichgewicht beim »snow-surfing« haltend. **(https://www.youtube.com/watch?v=15CtW79evyY)**
Es gibt mannigfaltige Berichte zu Spielverhalten und zu Aktionen, deren einziger Zweck Spaß zu haben zu sein scheint, bei diversen Tieren, die erstaunen und zum Schmunzeln anregen. Berichte, die auch belegen, dass die sogenannte »Theory of mind«, die Fähigkeit, sich in andere hinein zu versetzen, auch bei Tieren anzutreffen ist und diese sich durchaus auch zum Spaß necken können und mögen.

Und es gibt Belege dafür, dass Tiere Witze verstehen. So begeisterte Ende 2015 das Video eines Orang-Utans aus dem Zoo in Barcelona, der aufmerksam einem vor dem Glasfenster vom Pfleger vorgemachten Zaubertrick folgte und sich dabei zum Schluss köstlich amüsierte und lachend am Boden rollte. **(https://www.youtube.com/watch?v=FIxYCDbRGJc)**

Bereits 2007 belegte Günther Bloch in seinem Buch »Die Pizza-Hunde« (auch als sehenswerte DVD erhältlich) wissenswerte Fakten rund ums Spielverhalten durch seine

Orang-Utans haben Sinn für Humor.

Beobachtungen an verwilderten Haushunden in der Toskana. Auch diese verdeutlichen die Bedeutung von Bekanntheit und Vertrautheit der Akteure, individueller Spielfreude, Lebensalter und Umweltbedingungen. Er betont die Häufigkeit von Objekt- und Rennspielen, die wir im Vergleich von verschiedenen Spielverhaltensweisen miteinander bei unseren Haushunden ja auch sehen. Und Bloch berichtet auch den wenig verwundernden Fakt, dass ältere Tiere weniger Spielverhalten zeigen oder Spiel initiieren als jüngere. Unvergessen und unerreicht die grandiose Beschreibung von Bellino und seiner »Kopfbedeckung«: »Am 24. April 2006 hatte Bellino zum wiederholten Male eine Plastikschüssel vom Futterstandort gestohlen (...). Während die ganze Gruppe schlief, bekaute Bellino die Futterschale so lange, bis sie ziemlich mittig ein großes Loch aufwies. Dann warf er sie in die Luft, fing sie wieder auf, biss erneut hinein und schob sie mit seinen dicken Pranken auf dem Boden hin und her. Unglücklicherweise verhielt er sich bei der ganzen Objektbehandlung so ungeschickt, dass aus der kaputten Schale irgendwie halb Halskrause, halb Schirmmütze wurde. (...) Bellinos Spiellaune erreichte einen Tiefpunkt. Er wirkte 'abgetörnt' und leicht frustriert.« *(Bloch, Die Pizza-Hunde, Seite 152)*

Manchmal passieren »dumme« Sachen.

Groß und Klein: Zusammen oder getrennt?

Es stellt sich immer wieder die Frage, ob Klein und Groß zusammen spielen dürfen und können. Im Prinzip ja, aber ...! Würde dies grundsätzlich nicht funktionieren, so könnte kein erwachsener Althund mit einem Welpen spielen. Hier haben wir nämlich ein biologisch bedingtes Normalgefälle von Groß und Klein, Schwer und Leicht, Kräftig und Schwach. Doch gerade dabei sieht man eines der Spielkriterien ganz deutlich, nämlich das sogenannte Self-Handicap, also das aktive Zurückhalten eigener Stärken, um dem Anderen eine Chance zu geben, ein Sich-selbst-Schwächen, damit das Spiel nicht endet und frustriert. Auch Kinder untereinander zeigen solches Verhalten, wenn zum Beispiel bei einem Ballspiel absichtlich der Schläger in die ungeübte »falsche« Hand genommen oder der Ball mit dem »anderen« Fuß getreten wird oder aber das ältere Kind in den Vierfüßlerlauf geht, um dem jüngeren beim Nachlaufen eine Chance einzuräumen.

Außerdem verhilft das spielerische Miteinander von Groß und Klein dazu, dass großwüchsige Hunde erfahren, dass es auch kleinwüchsige Artgenossen gibt und diese keine zu hetzenden

Groß und Klein – das kann sehr gut klappen, wenn sich alle Beteiligten kennen lernen dürfen.

(und im Zweifelsfalle zu tötenden!) Beutetiere sind. Doch benötigt das Zusammentreffen von Klein und Groß ein genaues Beobachten und kompetentes Moderieren des Miteinanders. Wenn sich ein zig Kilo schwerer Großhund – auch bereits im Welpenalter – in spielerischem Übermut auf einen Kleinhund schmeißt, der nur ein Bruchteil von der Masse des anderen ist, sind psychische und physische Verletzungen schnell erfolgt und der Argwohn von Klein gegen Groß leicht begründet. In der Praxis, gerade bei Welpengruppen, hat es sich bewährt, dass zuerst kleinwüchsige Hundetypen mit kleinwüchsigen und großwüchsige mit großwüchsigen zusammentreffen.

Ist dann die erste Energie und der erste Elan raus, verläuft auch die Interaktion von Groß und Klein ruhiger und bedächtiger ab. Und das gegenseitige Kennenlernen als Artgenossen ist, wie bereits gesagt, notwendig und wichtiger Inhalt der Sozialisation. Ein grundsätzlicher Rat zur strikten Trennung ist ebenso unsinnig wie die pauschale Empfehlung zur unkontrollierten (Pseudo-) Vergesellschaftung. Wenn Spielverhaltensweisen differieren, dann hat der Eine keinen Spaß am Anderen. Wer von uns Menschen gerne Kartenspiele spielt, findet eventuell keinerlei Spaß an langwierigen Brettspielen. Und wer gerne Outdoorspiele erlebt, der mag vielleicht nicht

Wer in Spiellaune ist, steht manchmal regelrecht Kopf.

stundenlanges Schachspiel innerhalb von Räumen. Wie sagt der Rheinländer so schön: Jeder Jeck ist anders!

Es sollten sich Klein und Groß im Hundealltag kennen lernen können, wenn auch nicht immer auf Basis von gemeinsamen Spieleinlagen. Obwohl Spielformen durchaus auch angepasst werden können, wenn es den Spielpartnern wichtig ist. Das bereits erwähnte Self-Handicap ist dabei nur eine Möglichkeit. Nur zu Recht sprechen Gansloßer und Käufer (2017) von Spiel als einer »Auszeit auf Augenhöhe«! Man begegnet sich auf der gleichen Ebene: Der Starke macht sich schwächer, der Schwache darf sich stark fühlen und als Stärkerer agieren, es dürfen sich Dinge und Verhaltensweisen herausgenommen werden, die einem sonst nicht zustehen. Natürlich alles im Rahmen, alles im Sinne der Regeln des Spiels.

Häufige Ursache für die begriffliche Verwirrung in der deutschen, aber übrigens auch in der französischen Sprache, ist die mangelnde Unterscheidung zwischen dem, was wir hier in unserem Buch als Spielen im Sinne von temperamentvollem, aber eben freiwilligem Toben, Balgen und anderen Luxusverhaltensweisen betrachten, und der Einstufungen von sportlichen Wettkämpfen als

Spiele, wie etwa Bundesjugendspiele oder Olympische Spiele. Hier ist uns die englische Sprache mal wieder voraus, denn dort unterscheidet man eben »Play«, also das freie, enthusiastische und spaßbetonte Spielen, und »Game« für die mehr oder weniger sportlich geregelten Wettkämpfe. Bemerkenswert ist auch, dass das Wort »Game« eben auch (das) »Wild« bedeutet, hier kommt die Herkunft der meisten Sportarten von einer mehr oder weniger symbolischen Jagd auf wilde Tiere mal wieder deutlich zum Ausdruck. Auch im Französischen sind »les Jeux« eben beides. Diese begriffliche Verwirrung tritt dann immer wieder auch in der Diskussion bezüglich des Spielverhaltens von nicht menschlichen Lebewesen auf.
Es ist die Kompetenz und das wache Auge des erfahrenen Hundetrainers gefordert, um sinnvolle Ergebnisse erzielen zu können. Aber es muss auch dem unerfahreneren Hundehalter zur Vorsicht geraten werden, in der Konfrontation von Groß und Klein auf vermeintlich gut gemeinte Ratschläge ebenso vermeintlich gut informierter Nachbarn und Mithundehalter zu hören. Sie wissen ja: »Och, das hat er ja vorher noch nie getan!« Nein, nicht alle wollen nur spielen, und ein zweites Nein: Es gibt auch nichts, was »die unter sich« auszumachen hätten!

Tja, leider sind im Falle eines Falles letztlich dann doch die Kleinhunde die Leidtragenden und die Sorgen eines Kleinhundebesitzers verständlich, nachvollziehbar und nicht immer unbegründet.

2. WORAN ERKENNT MAN SPIEL UND WELCHE VORAUSSETZUNGEN BENÖTIGT ES?

Bereits im Jahre 1957 hat die Schweizer Zoologin Monika Meyer-Holzapfel eine ausführliche Arbeit über das Spielverhalten von Zootieren geschrieben und dabei zum ersten Mal eine Reihe von wichtigen Voraussetzungen und auch Kriterien des Spielverhaltens zusammengefasst. Als wichtigste Voraussetzung nennt sie dabei vor allem das sogenannte **entspannte Feld**. Spielverhalten findet eben nur dann statt, wenn keine andere, gerade wichtigere, konkurrierende, ernsthafte Anforderung der Lebensbewältigung aktiv ist. Wir kennen das von Schilderungen aus Hundeschul- oder Sportgruppen: Wenn irgendwo in dieser Gruppe ein Mensch mit seinem Hund gerade eine heftige Diskussion oder einen sonstigen Konflikt hatte, dann konnte man das spielerische Lernen in der ganzen Gruppe sofort vergessen. Der holländische Affenforscher Frans de Waal hat dies bei seinen Studien an Schimpansen und Rhesusaffenverwandten systematisch untersucht und ebenfalls festgestellt: Sobald es irgendwo einen noch nicht gelösten Streit oder eine noch nicht durch Versöhnung beendete Auseinandersetzung in der Gruppe gibt, ist die gesamte, auch von diesem Streit nicht direkt betroffene Mitgliederschar stundenlang gehemmt und zeigt überhaupt kein Spielverhalten mehr. Interessanterweise streitet man dann auch weniger, offensichtlich ist die Gefahr einer unbeabsichtigten Eskalation einer kleinen Alltagsstreitigkeit unter diesen Bedingungen ebenfalls zu groß. Versöhnen sich dann die beiden ursprünglichen Konfliktparteien wieder, tobt die ganze Gruppe in einer lautstarken und besonders temperamentvollen Spielparty durch die Gegend.

Auch ökologische Einflussfaktoren, etwa Lärm oder andere Überflutung mit Reizen, können Spielver-

halten sehr deutlich dämpfen. Wir erinnern uns an ein Gutachten für eine Hundeschule, der man ein Windkraftwerk zu nahe vor die Nase gesetzt hatte. Die Betreiberin gab an, jegliche Art von spielerischem Lernen könne sie in ihren Kursen vergessen, sobald die Windräder sich beginnen zu drehen. Und ein voller Bauch studiert zwar nicht gern, aber Hunger ist bekanntlich der Feind der Wissenschaft (ebenso wie der Kunst! Und Spiel ist ja ein Stück weit auch beides). Dementsprechend sollte man auch, wenn man seinen Hund spielerisch motivieren möchte, vorher für eine ausreichende Nahrungsversorgung sorgen. Die vielfach geäußerte Befürchtung, heftiges Spielen nach dem Fressen könnte die Gefahr von Magendrehungen verstärken, ist nämlich durch veterinärmedizinische Untersuchungen und Auswertungen von Fallberichten aus mehreren Ländern bisher niemals bestätigt worden.

Um Spielverhalten zu erkennen, bedarf es wegen der schnellen Bewegungsabläufe und der schnellen Wahrnehmungsfähigkeit von Hunden manchmal schon einer Videoanalyse. Manche Eigenschaften des Spielverhaltens aber werden auch ohne Videoauswertung deutlich erkennbar.

Zunächst ist hier der **Rollenwechsel** zu nennen. Wenn ein Hund plötzlich im Laufe der Verfolgungsjagd sich umdreht, seinerseits auf den anderen zusprintet und dieser sich ebenfalls umdreht und davonhechtet, diese Wechsel zwischen Jäger und Gejagtem vielleicht sogar regelmäßig stattfinden, dann ist dies ein deutliches Spielkriterium. Es gibt allerdings auch Hunde, die lieber den Hasen als den Jäger mimen und mit wahrer Begeisterung vor dem anderen davonstürmen. Sie zeigen allerdings oft dann ein anderes Spielkriterium, das Selbsthandicap.

Das **Selbsthandicap** ist eine freiwillige Beschränkung der eigenen körperlichen oder anderen Leistungsfähigkeit. Der Gejagte lässt sich also scheinbar leicht ermüdet zurückfallen, um kurz bevor der andere ihn erreicht wieder Gas zu geben. Der Größere und Stärkere stellt sich unten an den Hang, sodass der andere mit Hilfe der Schwerkraft eine bessere Möglichkeit hat. Oder man wirft sich eben freiwillig auf den Boden und spielkämpft dann aus dieser eigentlich unterlegenen Position. Letzteres ist sehr häufig bei raufenden und balgenden Hunden zu erkennen, da allerdings

Entspannte Stimmung, egal ob zwischen Mensch und Hund oder unter Artgenossen, ist Voraussetzung für ein sozio-positives Miteinander, wie es auch eine Spielsequenz darstellt.

Gutes Beobachten, gegebenenfalls mit Videoanalyse, offenbart die Absichten der Protagonisten

oft dann wieder nur mit der Videoanalyse, weil die Bewegungsabläufe einfach für das bloße Auge zu schnell sind.

Selbsthandicap und Rollenwechsel treten übrigens unterschiedlich häufig auf, je nachdem, wie vertraut die beiden Hunde miteinander sind. So ist der Rollenwechsel auch bei Jagdspielen zwischen Hunden, die einander nicht so gut kennen, sehr viel gleichmäßiger verteilt. Bei raufenden und balgenden Hunden dagegen findet sich der Rollenwechsel und das Selbsthandicap (wer ist wie oft unten bzw. oben, wer lässt sich wie oft freiwillig hinfallen u.a.) bei Hunden aus dem gleichen Haushalt bzw. der gleichen Familiengruppe häufiger als bei Hunden, die beispielsweise in einer Pension oder Tagesstätte einander zwar kennen, aber eben nicht zur gleichen Kernfamilie gehören.

Die überschießend-temperamentvollen **Luxusbewegungen**, beispielsweise der Schaukelpferdgang oder eben das Herumschlenkern aller nur denkbaren Körperteile, ohne dass diese mit schneller und zielgerichtet-effektiver Bewegung genutzt werden, ist ebenfalls ein deutliches Merkmal des Spielverhaltens.

Ein wichtiger Bestandteil des Spielverhaltens ist die spielerische Kommunikation, sei es über Spielgesicht, den Henkelschwanz, die Spielverbeugung als Spielaufforderung oder andere, beispielsweise auch durch schnelle Blickwechsel zwischen den beiden Partnern erkennbare Maßnahmen.

Die häufige Wiederholbarkeit der spielerischen Verhaltensweisen hat auch etwas mit einer weiteren wichtigen Unterscheidung zwischen Spiel und Ernst zu tun: Beim Spielen ist tatsächlich der Weg das Ziel. Spielen an sich macht Spaß und kann deshalb eben auch längere Zeit ohne ersichtbares Erreichen einer Endhandlung anhalten. Bei ernsthaften Verhaltensbeschäftigungen, sei es Beutefang, Jagd im Allgemeinen, Sexualverhalten, Werkzeuganwendung oder Ähnliches, wird die Befriedigung und die daraus resultierende Zufriedenheit meist erst durch das erfolgreiche Anwenden der Endhandlung, also des letzten Bestandteils dieser Verhaltenskette erreicht. Deshalb wird bei ernsthaftem Verhalten eben auch nach dem Erreichen der Endhandlung und der dadurch entstehenden Erfolgsmeldung im Gehirn meist eine andere Handlung begonnen und nicht die gleiche sofort wieder gestartet. (Ausnahmen sind hier eben Beschäftigungen mit Suchtpotential, wie wir sie später noch kennen lernen werden.)

Spiel oder kein Spiel – das ist hier keine Frage!

Die genannten und noch eine ganze Reihe weiterer Kriterien des Spielverhaltens müssen nun aber nicht im Sinne einer Checkliste abgearbeitet werden. Zwei Hunde, die im Spielverhalten drei oder vier der oben genannten Kriterien zeigen, spielen also nicht »schöner und besser« oder wertvoller miteinander als andere Kumpels, die nur eines oder zwei dieser Kriterien zeigen.
Letztlich ist die wichtigste Entscheidung, ob es sich um Spiel handelt, eben einerseits

- die Freiwilligkeit; sobald einer von beiden aufhören möchte, aber vom anderen zwangsweise weiter bespaßt wird, ist es eben kein Spiel mehr. Und
- das bereits erwähnte Spaßhaben, das wiederum eben im Gesichtsausdruck und in anderen Teilen des Ausdrucksverhaltens beider Beteiligter erkennbar sein muss.

Nur wenn beide freiwillig und mit deutlich erkennbarer Begeisterung miteinander agieren, können wir mit gutem Gewissen postulieren, dass sie wirklich spielen.

Um gleich noch ein weiteres Missverständnis aufzuklären: Auch wenn beide Beteiligten noch mit sehr viel Begeisterung und deutlich erkennbaren Spielkriterien miteinander beschäftigt sind, kann es sinnvoll oder gar notwendig sein, hier

Wie sich doch die Bilder ähneln! Solche spielerischen »Streit«- und »Austricks-Sequenzen« sieht jeder Mehrhundehalter häufig. Der Einfallsreichtum der beteiligten Hunde lässt einen oft schmunzeln.

einzuschreiten und die Geschichte zu beenden. Erwachsene Hunde spielen in der Regel nicht länger als zirka dreieinhalb bis vier Minuten, für Welpen und junge Junghunde ist die Aufmerksamkeitsspanne noch deutlich kürzer. Da sich dadurch auch Schwächen offenbaren, ist ein Kippen im weiteren Verlauf durchaus möglich. Gerade im Junghundstadium, zu Beginn und im Verlauf der pubertären Entwicklung, wird dann leicht »geniftelt« und »gepiesackt«, wenn der eine Kontrahent dem anderen nicht mehr gewachsen ist. Wird die Zeit überschritten oder der spielerische Zeitraum allzu heftig überdehnt, kann nicht nur durch Ermüdung des Körpers die Verletzungsgefahr steigen, sondern dann wird eben auch das später zu besprechende Suchtpotential mit größerer Wahrscheinlichkeit bedient.

Merkmale bzw. Kriterien von Spiel

- Entspanntes Feld
- Rollenwechsel
- Selbsthandicap
- Luxurierende (übertriebene) Bewegungsabläufe
- Spielkommunikation/Spielmimik, -gestik & -akustik

Nach dem Spiel, da muss man ruhen!

2.1 Das Spiel-, Spaß- und Humorsystem

Der amerikanische Neuropsychiater Jaak Panksepp, der leider mittlerweile verstorben ist, hat in Untersuchungen sowohl an Labortieren wie auch an menschlichen Jugendlichen sehr viele Beiträge zum Verständnis der neurobiologischen Zusammenhänge des Spielverhaltens veröffentlicht. Eine wichtige Erkenntnis seiner Untersuchungen war, dass es im Gehirn, genauer gesagt im sogenannten emotionalen Strang des Gehirns (siehe Gansloßer, 2019), ein eigenes Zentrum gibt, das er als das Spiel-, Spaß- und Humorzentrum bezeichnet. Dort entsteht eben neurobiologisch die Lust und der Spaß an spielerischer Betätigung. Und dieses Zentrum, das unter anderem mit der auch als Lerndroge oder Selbstbelohnungssubstanz bezeichneten Überträgersubstanz Dopamin bedient wird, liegt völlig getrennt beispielsweise vom sexuellen Lustzentrum oder vom Wut- und Ärgerzentrum, das häufig mit der Steuerung aggressiven Verhaltens beschäftigt ist. Untersuchungen einer holländischen Arbeitsgruppe (Mareike Achterberg et al, 2017) zeigen auch deutlich, dass die Konzentration des Dopamins zwar auch bei manchen Formen lustbetonter Aggression in Kombination mit dem als Kampfhormon bezeichneten Noradrenalin steigt, dass dies eben aber nicht im Spiel- und Spaßzentrum, sondern in den für Suchtentstehung und für Wut und Ärger zuständigen Gehirnzentren passiert. Die Befürchtung, dass Hunde, die viel spielerisch raufen und balgen dürfen, dann später auch aggressiv würden, ist also unbegründet.

Ebenso hat spielerisches Sexualverhalten eben nicht notwendigerweise mit echter Hypersexualität zu tun. Ein Hund, der im Spiel, noch dazu während der Pubertät, einen anderen Artgenossen bespringt und berammelt, muss nicht notwendigerweise zum Sexprotz und zum Triebtäter werden. Auch Kinder und Jugendliche, die bei »Discoknutschereien und Doktorspielen« erwischt werden, sind bisher nur äußerst selten hinterher zu Sexmonstern und Triebverbrechern geworden.

Die Botenstoffe, die im spielerischen System aktiviert werden, sind nicht nur das bereits genannte Dopamin. Eine wichtige Rolle hat beispielsweise hier ein als IGF3 bezeichneter Nervenwachstumsfaktor. Dieser und das Dopamin zusammen, sind beispielsweise für die Strukturierung des Gehirns während der Pubertät verantwortlich. Daraus entsteht dann zum Beispiel auch die Fähigkeit, sich besser und konzentrierter mit schwierigen Arbeiten zu beschäftigen. Bisher gibt es keinen Nachweis, dass irgendeine andere Tätigkeit außer dem spielerischen Balgen und Toben während der Jugendentwicklung die notwendigen Konzentrationen dieses Botenstoffcocktails freisetzt, die dann für die kontrollierte, konzentrierte und längerfristige Arbeit später unbedingt nötigt sind.

Auch zur Verankerung von Lerninhalten können spielerische Betätigungen in mehrerlei Hinsicht hilfreich sein. Einerseits ist durch neurobiologische Untersuchungen zur Gedächtnisbildung belegt, dass »Thema mit Variationen«, also immer wieder leicht abgewandelte Reizpräsentationen oder leicht

Spielerische Aktivität kann sogar beim Lernen helfen! Es kommt aber auf den Lerninhalt an.

abgewandelte Bewegungsabläufe, zu einer verbesserten Gedächtnisfixierung gegenüber einer sturen, roboterartig immer gleich dargebotenen Reizdarstellung oder Kommandobefolgung führen können. Hier haben die Luxusbewegungen also wahrscheinlich einen wichtigen, lernbiologischen Hintergrund.

Andrerseits hat das bereits wiederholt genannte Dopamin eben in seiner Wirkung mehrere, unterschiedliche zeitliche Richtungen. Es kann einerseits bereits vorher Erlebtes und bereits vorher Getätigtes nachträglich mit einer positiv emotionalen Komponente versehen, was den Übergang ins Langzeitgedächtnis dann erleichtert. Andrerseits kann es aber auch eine vorausschauende freudige Erwartung auslösen, die dann bereits in dieser vorausschauenden Erwartung die nachfolgenden Erlebnisse besonders positiv tönt. Gerade hier hat Jaak Panksepp mit seinen Rattenversuchen bemerkenswerte Erfahrungen berichtet: Ratten kichern im Ultraschallbereich, wenn sie sich freuen, Spaß miteinander haben oder anderweitig positiv lustvolle Betätigungen vollbringen. Panksepp ließ seine Ratten immer in einem ganz bestimmten Käfigabschnitt spielen, der ihnen auch nur zu diesem Zweck offenstand. Sobald sich die Tür zu diesem Spielzimmer öffnete bzw. die Ratten durch diese Tür hindurch gingen, begannen sie bereits zu kichern und zeigten damit die freudige Erwartung an.

Diese Zusammenhänge zwischen der Dopaminaktivierung und dem Lernvermögen sind dann auch wichtig, wenn unterschiedliche Auswirkungen spielerischen Verhaltens rund um ernsthafte

Lernsituationen verstanden werden müssen.
In den vergangenen Jahren entstand eine heftige Diskussion in der Hundetrainerschaft, ob der wissenschaftlich veröffentlichten Befunde, wonach Hunde nach einer Lern- und Ausbildungseinheit durch kurzes Spielen das vorher Gelernte und Geübte besser ins Langzeitgedächtnis überführen können. Dies schien, zumindest auf den ersten Blick, den Erfahrungen vieler Trainer zu widersprechen, nach denen Spielen nach einer Übungs- und Ausbildungseinheit manchmal auch kontraproduktiv sei. Untersuchungen aus Studien an anderen Tierarten und auch dem Menschen zur Wirkung des Spielens und Schlafens auf das Lernen, lösen jedoch diesen scheinbaren Widerspruch auf: Untersuchungen an Ratten und Menschen zeigen eindeutig, dass nach einer selbst erarbeiteten, komplizierten Problemlösung, also einem »Aha-Erlebnis« besser gleich geschlafen wird, um die, dann ja auch schon mit Selbstmotivation und eigener positiver Begeisterung erarbeitete Problemlösung ins Langzeitgedächtnis zu überführen. Langweilige Routineübungen, beispielsweise Kommandos für irgendeine Bewegung oder Position zu lernen oder einen Hebel zu drücken, dagegen profitieren tatsächlich davon, wenn die Hunde hinterher spielen und dann erst danach in die Ruhe gebracht werden. Besonders dann, wenn die Überprüfung des Gedächtnisses nicht nach einem Tag, sondern erst nach mehreren Tagen bis zu einer Woche erfolgt, ist dieser Zusammenhang besonders deutlich erkennbar (siehe Gansloßer und Kitchenham, 2019). Es bedarf also einer sorgfältigen Überlegung und flexiblen Planung des Ablaufs von Trainings- und Erziehungsstunden im Umgang mit Hunden und deren Haltern, wenn man entscheiden will, ob für diese oder jene Trainings- und Ausbildungseinheit Spiel nun besser zuvor oder besser danach stattfinden sollte.

2.2 Die Vorteile des Spielverhaltens

In der zoologisch-ethologischen Fachliteratur werden eine ganze Reihe von Vorteilen des Spielens benannt, bemerkenswert ist jedoch, dass es nur wenige Untersuchungen an Wildtieren gibt, die diese Vorteile tatsächlich explizit belegen können. Zwar gibt es von einer ganzen Reihe von Tierarten, von Murmeltieren und Dickhornschafen bis zu verschiedenen Affenarten, die Erkenntnis, wonach in einem schwierigen, gefährlichen oder anderweitig besonders schwer bewältigbaren

Spielverhalten bringt auch Wildtieren viele Vorteile, obwohl die Wissenschaft diese bislang noch wenig untersucht und belegt hat.

Lebensraum das Spielverhalten sehr viel seltener auftritt als bei der gleichen Tierart unter anderen, gleichmäßigeren Bedingungen. So sind beispielsweise Totenkopfaffen im Trockenwald, der noch viele Dornbüsche hat, oder Dickhornschafe in der Wüste von Nevada deutlich weniger spielbereit als die gleiche Art im Regenwald oder auf den saftigen Hochgebirgswiesen der Rocky Mountains. Auch sind in der Regel dann in den Gegenden, in denen weniger gespielt wird, die Gruppenstrukturen lockerer, die Individualdistanzen größer und es wird weniger soziopositives, also freundliches Verhalten gezeigt. Hier haben wir es jedoch deutlich mit einem Henne-Ei-Problem zu tun: Spielt man dort weniger und hat größere Individualdistanzen und weniger Zeit zum sozialen Miteinander, weil die Nahrung knapp ist? Oder spielt man weniger, weil die Nahrung knapp ist und hat deshalb auch weniger soziale Motivation. Eine der wenigen Untersuchungen, die hier zumindest mit komplexen statistischen Verfahren Ursache und Wirkung besser auseinander halten kann, stammt von dem amerikanischen Forscherehepaar Fagen, das unter anderem jahrzehntelange Freilandstudien an nordamerikanischen Braunbären vorgenommen hat. Die Untersuchungen dieser Beiden zeigen deutlich, dass Braunbären, die als Kinder und Jugendliche mehr gespielt haben, ihr ganzes Leben lang bessere Chancen, eine höhere Fortpflanzungsrate und eben auch eine höhere Überlebensrate hatten. Durch die Langzeitbeobachtungen, die dabei verwendeten vielfachen Datensätze und die komplexe statistische Auswertung waren hier Henne und Ei auch recht deutlich zu unterscheiden. Das Spielverhalten machte die Unterschiede in der Lebensgeschichte und nicht etwa die unterschiedliche Lebensgeschichte war verantwortlich für das unterschiedliche Spielverhalten.

Jedoch muss es nicht immer gleich um solch komplexe, langfristige bis lebenslange Auswirkungen gehen. Wie bereits erwähnt, schult Spielverhalten beispielsweise auch die Körperbeherrschung, die Körpersensorik und die Gleichgewichtserhaltung. Untersuchungen an Labornagetieren und Affen haben deutlich gezeigt, dass zum Beispiel durch ein verstärktes Spielverhalten in der vor- und pubertären Jugendphase die Zahl der als Muskelspindeln bezeichneten kleinsten Spannungsmessvorrichtungen in der Skelettmuskulatur erhöht wird, und dass sowohl die Komplexität als auch die Verschaltung der für Bewegungskoordination und dreidimensionale Lageorientierung im Raum zuständigen Bereiche des Kleinhirns sich verbessern. Das Kleinhirn wächst in diesem Falle gewissermaßen mit seinen Aufgaben. Und zusammen mit den verbesserten Muskelsinnessystemen der vielen Spannungsmesser wird dann auch die Körperbeherrschung besser. Auch der als Hippocampus bezeichnete Teil des Gehirns, der mit der räumlichen Orientierung, dem Ortsgedächtnis, aber auch der allgemeinen Motivation und Handlungsbereitschaft verbunden ist, wird durch Spielverhalten in der Jugend deutlich vergrößert und kann dann später eben auch seine Aufgaben differenzierter wahrnehmen.
In diesem Zusammenhang ist übrigens der Rhythmus, in dem Tiere freiwillig normalerweise

Die Kommunikation in »brisanten« Situationen lässt sich im Gegenüber mit gut Bekannten und Vertrauten erproben und einüben.

spielen, durchaus mit dem möglichst optimalen Ablauf einer solchen körperlichen Trainingseinheit vergleichbar: Man zeigt die gleiche Bewegung (noch dazu in überschäumend-luxurierender Weise, s.o.) mehrfach hintereinander im Zeitraum von wenigen Minuten. Dann »wird dieses Spiel langweilig«, man wendet sich anderen Dingen zu. Nach ca. 20 bis 30 Minuten greift man die ursprüngliche Spielhandlung wieder auf. Dies entspricht genau den Rhythmen, mit denen im Lernverhalten die Gedächtnisbildung optimiert wird (siehe Gansloßer, 2019, Gansloßer et al, 2019).

Spielen schult auch die Reaktionsfähigkeit und ist als »Training für das Unerwartete« die beste, wenn nicht sogar die einzige Möglichkeit, auch seltene oder im Ernstverhalten gefährliche Bewegungsabläufe einzustudieren. Wie soll sich ein ranghohes Tier beispielsweise auch auf den Fall einer möglicherweise unterlegenen Position in einer der nächsten Auseinandersetzungen vorbereiten? Wie soll ein rangtiefes Tier sich vorbereiten auf den vielleicht in der Zukunft eintretenden Fall, doch einmal im Kampf der Überlegene zu sein, wenn eben nicht im Spiel? Einem Spiel, bei dem alle Regeln und Normen aufgehoben sind und man sich eben auch als Unterlegener durchaus »als Chef aufspielen« darf. Auch im Zusammenhang mit der Feindvermeidung und dem Beutefang können solche Trainingseinheiten für das Unerwartete im Spiel eben ohne großes Risiko ausgeübt werden.

Dass das Spielverhalten soziale Kompetenz, sozialen Zusammenhalt und sogar eventuell ein Empfinden für Fairness unterstützt (wie es zum Beispiel der amerikanische Kanidenforscher Marc Bekoff regelmäßig betont), wurde auch schon gerade bei Hundeartigen deutlich gezeigt. Wer als Welpe im Zeitraum des 3. und 4. Lebensmonats ganz besonders viel mit Babysittern, also älteren Hunden, und den Wurfgeschwistern spielt, hat eine höhere Tendenz, später in der Gruppe zu bleiben und die erweiterte Elternfamilie als Helferlein zu unterstützen. Übrigens, ein Befund, der nicht nur bei Hunden und anderen hoch sozialen Kanidenarten, sondern sogar bei Rotfüchsen bestätigt werden konnte.

Wer umgekehrt sich im Spiel immer wieder unfair verhält, also zu grob wird, sich nicht entschuldigt, eben das Selbsthandicap immer wieder vergisst o.ä., der wird nicht nur im Spiel von seinen Geschwisterchen gemieden, sondern hat auch eine höhere Wahrscheinlichkeit, die elterliche Familiengruppe schneller zu verlassen. Wer aber die elterliche Familiengruppe schneller verlässt, hat ein höheres Sterblichkeitsrisiko. Fairness im Spiel zu zeigen ist also, wie gerade die Kojotenuntersuchung von Marc Bekoffs Gruppe zeigt, durchaus überlebensfördernd.

Gerade bei Kaniden, also den wilden Verwandten und Vorfahren unserer Hunde, kommt dann noch eine weitere wichtige Komponente des Spielens dazu: Hundeartige, und das gilt eben nicht nur für verwilderte Haushunde, gehören zu den wenigen Säugetierarten, bei denen Erwachsene untereinander in freier Natur regelmäßig beim Spielen beobachtet werden. Sowohl in der Vorphase einer neuen Paarbildung, also gewissermaßen in der Verlobungszeit, als auch in der regelmäßig wiederkehrenden Phase der Vor-Läufigkeit, also dem Zeitraum, in dem kurz vor der Paarungsbereitschaft jedes Jahr die Paarbindungsqualität wieder verstärkt wird, lassen sich zwischen Rüde und Hündin oftmals ausgedehnte Spielverhaltensweisen und längere Spielsequenzen beobachten. Hier dient das Spielverhalten möglicherweise in mehrfacher Hinsicht der Qualitätskontrolle: Prüfe, wer sich ewig bindet! Gerade bei langzeit- bis lebenslang paargebundenen Arten, wie es die Hundeartigen nun mal sind, und gleichzeitig bei einem sehr hohen elterlichen Investment beider Geschlechter in den Nachwuchs, muss man doch erst mal ausprobieren, ob der- oder diejenige tatsächlich auch als zweiter Elternteil für die eigenen Kinder geeignet ist.

Die Überlegung geht hier dahingehend, dass einerseits durch das heftige und temperamentvolle Spielen, die bei vielen anderen Tierarten an gleicher Stelle auftretende aggressive Auseinandersetzung zwischen Rüde und Hündin ersetzt wird, um gewissermaßen mit geringerem Risiko die Einsatzbereitschaft, Kampfestaktik und andere, im Ernstfall für die Verteidigung des

Spielsequenzen bei Straßenhunden werden immer wieder beobachtet.

Nachwuchses wichtige Eigenschaften abfragen und überprüfen zu können. Andererseits besteht auch eine Überlegung dahin, dass eine besondere Spielneigung beispielsweise gerade eines Rüden in dieser Zeit möglicherweise mit einem erhöhten Spiegel oder einer erleichterten Produktion des als Elternhormon bezeichneten Prolaktin einherginge. Wer also in der Phase der Flirt- und Bindungsverstärkung besonders viel spielt, ist möglicherweise durch den verbesserten Prolaktinspiegel später auch ein besserer Vater für die Kinder.

In jedem Falle ist auffallend, dass, wie beispielsweise die Untersuchungen des indischen Kollegen Sukuma Pal (Pal et al, 2010) zeigen, dass Spielverhalten bei sogenannten Straßenhunden sogar in solchen Gebieten deutlich erkennbar ist, in denen die sonstigen Lebensbedingungen eher schwierig sind. Gerade diese Straßenhunde unterscheiden sich hier also beispielsweise von den oben genannten Totenkopfaffen, Murmeltieren oder Dickhornschafen, die ja in schwierigen, nahrungsarmen und gefährlichen Lebensräumen eher weniger gespielt haben.

2.3 Spielsignale – und was davon zu halten ist

Auf die wichtigsten optischen Begleiterscheinungen des Spielens, beispielsweise die Luxusbewegungen, das Spielgesicht oder die Spielverbeugung, wurde bereits eingegangen. Noch interessanter sind

Je klarer die Spielsignale, desto geringer das Risiko zu Missverständnissen.

jedoch hier Untersuchungen über die akustische Signalisierung während des Spiels. Viele Hunde knurren beim Spielen, manche mehr, manche weniger. Immer wieder traurig ist dann das Schicksal, beispielsweise von Rottweilerwelpen oder anderen, beim Spiel eher knurrenden Rassen, die wegen angeblicher Aggressivität aus der Welpengruppe und der Junghundeschar verbannt werden. Hunde selbst haben diese Missverständnisse nicht. Gerade spielerisches Knurren wird von fremden Artgenossen, auch wenn es vom Tonband und leicht technisch verändert vorgespielt wird, sofort als Spielaufforderung verstanden. Spielt man einem Hund den Knurrlaut eines anderen, ihm unbekannten Hundes vor, so kann der Hund leicht den Zusammenhang erkennen, in dem dieser Knurrlaut aufgenommen wurde: Futterverteidigung, Selbstverteidigung oder eben auch Spiel. Wird ein wirklich aggressives Knurren eines anderen Artgenossen vorgespielt, reagiert der Hund meist nur bei solchen Knurrlauten, die von einem ähnlich großen Artgenossen aufgenommen wurden. Noch verstärkt wird das dann, wenn man auch noch den Scherenschnitt eines Hundeumrisses an die Wand projiziert. Einzig beim Spielen ist das anders: Auch ein großer Hund, der mit einem hohen spielerischen Knurren eines Kleinhundes konfrontiert wird, oder ein kleiner Hund, der mit dem tiefen Grummeln im Spiel eines großen Hundes konfrontiert wird, steigt sofort auf die spielerische Kommunikation ein. Auch wenn das hohe spielerische Knurren eines Kleinhundes mit dem Scherenschnitt eines großen Hundes gleichzeitig vorgespielt wird, steigen Hunde unabhängig von der eigenen Körpergröße sofort auf diese Szene ein. Wenn jemand einen Witz erzählt, macht man eben mit, unabhängig davon, wie unrealistisch die erzählte Geschichte denn eigentlich ist.

Auch das spielerische Bellen von Hunden oder das spielerische Hecheln, das auch unsereins übrigens sehr leicht nachahmen kann, kann andere Hunde in Spiellaune oder sogar in eine ausgeglichenere, ruhigere Gesamtstimmung versetzen. In einem Tierheim hat man einmal Hunden, die dort sehr aufgeregt und nervös waren, Tonbandaufnahmen spielbellender Artgenossen (auch hier waren es fremde!) vorgespielt. Und der Erfolg war deutlich: Die Hunde im Tierheim legten sich sehr viel häufiger hin, waren ruhiger, entspannter und bellten selbst weniger.

Die spielerische Kommunikation in Optik und Akustik ist also für Hunde ein wesentlicher Bestandteil ihres Signalrepertoires. Auch hier allerdings ist wahrschein-lich die Einstudierung in der Welpen- und Junghundzeit nötig. Die Verhaltenswissenschaftlerin Dorit Feddersen-Petersen beschreibt in diesem Zusammenhang auch ausgedehnte Bell- und Mimikspiele. Letzteres kann man durchaus als hundliches Grimassenschneiden bezeichnen. Der im Ernstfall einer Auseinandersetzung oder anderen Signalisierung gezeigte Gesichtsausdruck wird total übertrieben und dann schon verknautscht gezeigt. Es kann möglicherweise eben nicht nur der Einübung des mimischen Ausdrucks für denjenigen dienen, der hier signalisiert, sondern auch für den noch unerfahrenen Spielpartner, der diesen so stark übertriebenen Gesichtsausdruck eben auch besser kapiert.

Der Hund darf nicht nur auch mal gewinnen, er sollte es sogar! Nur immer zu verlieren, macht nämlich keinen Spaß!

2.4. Regelloses Spiel oder Spielregeln?

Viele Untersuchungen, auch an Hundeartigen, zeigen deutlich, dass im Spiel die für den Alltag geltenden sozialen Gewohnheiten, Normen und Verpflichtungen ausgehebelt sind. Wie bereits erwähnt, darf eben auch der Rangtiefere im Spiel auf dem Gruppenanführer herumturnen und diesen scheinbar unterwerfen oder der Ranghöhere gibt freiwillig den Hasen, um bei einer spielerischen Verfolgungsjagd auch mal Fersengeld geben zu können. Die Befürchtung, dass dadurch die soziale Ordnung durcheinandergerät, haben diese ranghohen Hunde, Wölfe oder anderen Kaniden nicht. Keiner von ihnen wurde, wenn er so etwas im Freiland getan hat, hinterher auf dem Weg zum Unternehmensberater gesichtet. Vielmehr scheint es so, als ob gerade solche spielerischen Aktivitäten auch den Gruppenzusammenhalt und das soziale Verständnis fördern. Dass diese Befürchtungen, man könne beim Spielen die Autorität verlieren, auch für das Mensch-Hund-Team unbegründet sind, zeigen Arbeiten aus der Arbeitsgruppe des britischen Hundeforschers John Bradshaw. Hier wurden Mensch-Hund-Teams im Versuchsraum zum Spielen animiert und der Mensch erhielt eine Reihe von Regieanweisungen. Mal sollte der Hund gewinnen dürfen, mal der Mensch in jedem Falle gewinnen, mal sollte der Hund das Spiel beenden dürfen, mal auf jeden Fall der Mensch das Spiel abbrechen. Und danach wurden dann im Laufe eines Interviews und einer Beobachtungszeit die Verhaltensweisen zwischen Mensch und Hund beobachtet. In keinem Falle kam es zu einem erhöhten Auftreten von sogenanntem Dominanz anzeigenden Verhaltensweisen! (In unserem 2018er Titel »Dominant und ungebunden« aus der Reihe »Hundeverhalten verstehen« zeigten wir bereits auf, dass Dominanz von Hund zu Mensch sowieso kaum auftritt!) Auch zu besonderer Aufmüpfigkeit, Ungehorsam oder ähnlichen unerwünschten hundlichen Eigenschaften kam es nicht.

Aber die Aussage, dass im Spiel eben die gängigen Regeln und Normen des Alltags aufgehoben werden, bedeutet eben nicht, dass es im Spiel keine Regeln gibt. Die Regeln im Spiel müssen jedoch von beiden Beteiligten miteinander ausgehandelt werden. Eine Kollegin schildert gern, dass ihr Mann, seines Zeichen Tischlermeister mit hornigen Händen, ganz anders und sehr viel rauer und mit größerer körperlicher Intensität mit ihrem Kleinterrier spielt, als sie, deren Hände eben nicht von dieser Hornhaut bedeckt sind, es leisten könnte und wollte. Man kann also im Spiel Regeln aushandeln, an die sich dann beide halten. Aber das Aushandeln dieser Regeln und ihre nachfolgende Befolgung sind eben freiwillig und werden nicht durch irgendwelche Rang- oder ähnlichen Strukturen per se gefördert oder gar durchgesetzt. Es gilt stets das Prinzip der Freiwilligkeit.

2.5. Unterschiedliche Spieltypen

So wie auch in anderen Bereichen, beispielsweise des Kommunikationsverhaltens oder der Konfliktbewältigung und des Konfliktmanagements, unterscheiden sich verschiedene Rassehunde auch in ihrem Spielverhalten deutlich. Aber nicht nur, dass eben Windhunde lieber Jagdspiele und Rottweiler oder andere ehemalige Wachhunde lieber Raufen und Balgen zeigen, auch individuelle Unterschiede sind deutlich erkennbar. Manche, vor allem solche, die eher als gesellige »Vereinsmeier« gelten, spielen lieber mit Artgenossen und gehen dabei gerne auch aus sich heraus. Andere, die eher intravertierten »Bastler«, können sich minutenlang in ein Objektspiel mit einem Stöckchen, Steinchen oder einem anderen Gegenstand hineinträumen. Die grundlegenden Persönlichkeitseigenschaften, insbesondere, ob man scheu oder wagemutig ist, lassen selbstverständlich auch unterschiedliche Spielverhaltensweisen bevorzugen. Der naseweise, vorwitzige A-Typ wird eben auch im Spiel größere Risiken eingehen als der bedächtige, bedenkenträgerische B-Typ. Wer als Optimist ohnehin jeden Futternapf als halb voll betrachtet, wird auch im Spiel mehr an seine Grenzen gehen als der Pessimist, für den jeder Futternapf halb leer und jede unbekannte Situation mehr Risiko als Chance ist. Auch im Umgang mit den Menschen und den

Typ bestimmt Spielpräferenz – Ausnahmen bestätigen die Regel.

Artgenossen sind Qualitäten des Mensch-Hund-Teams oftmals für die Art und die Häufigkeit des Spielens charakteristisch. Gewissenhafte Hunde eines eher unsicheren oder mental instabilen Menschen sind so sehr mit der Betreuung und dem Beobachten und gegebenenfalls Beschützen ihres Menschen beschäftigt, dass sie kaum Zeit und kaum Interesse am Spiel mit anderen Vierbeinern haben. Hunde eines extravertierten, emotional stabilen und geselligen Menschen dagegen können es sich auch leisten, mit anderen Hunden zu spielen, da sie nicht ständig auf ihren Menschen aufpassen müssen. Auch diese Ergebnisse sind in wissenschaftlichen Untersuchungen, beispielsweise der Wiener Arbeitsgruppe, deutlich geworden (siehe Gansloßer und Kitchenham, 2019).

Insgesamt ist Spielen also ein wichtiges, den Alltag verbesserndes und strukturierendes Element des hundlichen Verhaltens!

3. VERSCHIEDENE FORMEN DES SPIELS

Interessant ist eine Aussage von Spiegel online vom 11.01.2015, 14:33 Uhr, nach welcher Paviane durchaus geschlechtsspezifisch unterschiedliche Spielweisen aufweisen: »Pavian-Jungs rauften sich gern mit ihresgleichen und trainierten so für den Kampf um sozialen Status in der Gruppe. Pavian-Mädchen hingegen spielten lieber mit dem Nachwuchs hochrangiger Weibchen, der zum idealen – weil ebenfalls hochrangigen – Verbündeten heranwachse.«
(https://www.spiegel.de/wissenschaft/natur/spielende-tiere-sinn-des-verhaltens-von-tieren-erforscht-a-1012054.html, aufgerufen März 2019**)**

Geschlechtstypische Unterschiede im Spielverhalten, gerade während der Pubertät, zeitweise aber auch schon davor, sind in Untersuchungen verschiedener Arbeitsgruppen und auch in dem derzeit laufenden Projekt über Rasse- und individuelle Unterschiede in der Welpenentwicklung in unserer Arbeitsgruppe auch bei Hunden wiederholt beschrieben worden. Bemerkenswert ist, dass in vielen Untersuchungen zwar männliche Welpen mehr und häufigere Spielkontakte und Spielsequenzen begonnen haben als weibliche, weibliche Welpen aber wiederum häufiger von männlichen Spielgenossen, männliche dagegen von weiblichen aufgefordert wurden.

Gerade dieses relativ häufige Spielen zwischen den Geschlechtern wird unter anderem mit der unterschiedlichen Bedeutung des Sozialverhaltens im Sozialsystem der Hundeartigen in Verbindung gebracht. Während eben bei unserer Affenverwandtschaft und bei den meisten anderen Säugetierarten auch, soziale Beziehungen meistens bei Erwachsenen des gleichen Geschlechtes vorherrschen, ist ja nun das tragende Element des Sozialsystems der Hundeartigen die soziale Paarbindung. Eine starke Kooperation zwischen den Geschlechtern und auch eine durch die arbeitsteilige Jagd notwendige Feinabstimmung für Angehörige beiderlei Geschlechts, sind möglicherweise die Ursache für diese häufig gefundenen Bevorzugungen von Spielpartnern des anderen Geschlechts.

Bei Pavianen wurde geschlechtsgebundenes Spielverhalten festgestellt. Auch bei anderen Tierarten – darunter der Hund – wird das beschrieben.

Auch typgebundene Spielverhaltensweisen sieht man sehr wohl. Während lauffreudige Typen eben ihren Spaß an Rennspielen und taktischen Verfolgungsjagden haben, so agieren andere lieber als Sumo-Ringer, setzen Technik und Geschick dabei ein, andere von den Läufen zu kicken und verfeinern ihre Haltungsnoten im Freestyle. Und wieder andere mögen ruhige Turtelspiele mit sozialer Körperpflege und Maulzärtlichkeiten, ohne große Aktivität und lautes Tamtam. Und es gibt durchaus auch Einzelgänger, die sich ausgiebig und hingebungsvoll mit einem Blatt, einem Stock, einem sonstigen Objekt beschäftigen können oder auch einfach nur die Gegend beschauen. Spielarten und -formen gibt es viele, was wir im weiteren Verlauf noch erörtern werden.

Dass die beiden Formen des Spielens, nämlich das Sozialspiel und das Objektspiel und eigentlich ebenso als dritte Kategorie noch das Bewegungsspiel, auch im Motivationssystem der Hunde (und anderer Säugetiere) unterschiedlich gesteuert werden, lässt sich aus verschiedenen zeitlichen Zusammenhängen erkennen. Ein gängiges Verfahren zur Zuordnung von Verhaltensweisen zu verschiedenen, sogenannten Funktionskreisen oder

Motivationssystemen ist die Sequenzanalyse. Dabei wird festgestellt, welche Verhaltensweisen bevorzugt zeitlich in enger Nachbarschaft miteinander auftreten und welche einander in diesen Koppelungsgruppen eher ausschließen. Bei solchen Untersuchungen zeigt sich bei vielen Tierarten, auch bei Hunden, dass die Elemente des sozialen Spielens und des Objektspiels eben meist getrennt voneinander auftreten. Auch, dass sie in der Welpen- und Junghundentwicklung zu unterschiedlichen Zeiten gezeigt werden. Dass ihre Spitzenwerte des Auftretens in unterschiedlichen Lebenswochen liegen, ist ein Hinweis darauf, dass hier verschiedene Antriebssysteme wirken. Schon allein deshalb kann es also »**den** Spieltrieb« nicht geben.

3.1 Objektspiel

Wie die Bezeichnung es schon vermuten lässt, so beinhaltet ein Objektspiel immer ein Objekt, mit dem gespielt bzw. sich beschäftigt wird. Das oben angeführte Beispiel vom unglückseligen Bellino mit seinem unfreiwilligen Kopfschmuckdeckel, ist ein typisches. Es können sich durchaus Solitär-

Verschiedene Hundetypen bevorzugen verschiedene Spielarten: Die einen rempeln und ringen lieber, die anderen wollen nur rennen und Gas geben.

und Objektspiel (wie bei Bellino) und Sozial- und Objektspiel durchmischen, wenn zum Beispiel zwei oder mehr Hunde um ein Spielzeug rangeln, ein Objekt systematisch genutzt wird, um Aufmerksamkeit zu erzielen (manchmal sieht man ein stolzes Schautragen von einem Stock oder einem Teddy nur zu dem Zweck, andere Artgenossen oder auch den Menschen aus Ruhepositionen aufzuscheuchen und auf sich aufmerksam zu machen!), oder auch, um durch eine vorgetäuschte »Solitärspieleinlage mit Objekt« arteigene Kumpel von etwas wegzulocken, was einen selbst interessiert und in der Folge weggeschnappt werden kann. Spielerisch lässt es sich nämlich auch gut austricksen – und diese Fähigkeit wird auch nur zu gern im Spiel geübt. Oder glauben Sie etwa, Hunde würden nicht schummeln, tricksen, sogar gelegentlich schwindeln? Falls Sie mit »Ja« antworten: Sie irren sich, Hunde können dies alles vortrefflich – und sie tun es!

Heiß geliebte Stöckchen

Viele Hunde tragen mit Begeisterung Stöcke durch die Gegend oder jagen diesen hinterher, wenn sie ihnen geworfen werden. Doch Vorsicht ist geboten, Stöcke können (!) sehr gefährlich werden,

Man stelle sich vor, in das so weit aufgerissene Maul flöge anstatt des Balles in gerader Linie ein Stock! Leicht nachzuvollziehen, welche Verletzungen dabei entstehen können.

wenn der Hund ihnen hinterherjagt, solange sie fliegen, und dann versucht, sie aus der Luft aufzuschnappen. Leicht kann der Stock zum Geschoss werden, welches durchs Maul ein und aus dem Nacken austritt. Es gibt grauenvolle Bilder von Hunden, denen der Stock im Maul und hinten aus dem Nacken wieder heraussteckt. Tierärzte können traurige Lieder davon singen.
Auch das bloße Tragen von Stöcken birgt Risiken und kann zu Unfällen führen, wenn der Hund den Stock nicht quer im Maul hat, sondern wie eine Zigarre längs zwischen den Lippen. Ein Stolpern, ein Ausrutschen, ein unglückliches Nachfassen – und es kann geschehen sein. Unfälle sind ganz sicherlich nicht zu 100 %, aber doch zu einem hohen Prozentsatz vermeidbar, wenn man sich dieser Risiken bewusst ist und als Hundehalter darauf achtet, den Stock quer ins Maul zu geben und eben nicht zu schmeißen, vor allem dann nicht, wenn der Hund danach springt, als wäre es eine Frisbee-Scheibe. Es gibt aber auch gute Kunststoffvarianten in Stock-Design, bei welchen das Verletzungsrisiko für Stöckchen-Fans deutlich minimiert wird.

Es fliegt der Ball

Viele Hunde laufen auch gerne Bällen hinterher. Und viele Hundebesitzer sind der Meinung, dass Bälle zu schmeißen, damit der Hund hinter ihnen herlaufen kann, ein großartiges Spiel sei. Letztlich ist es eine reine Beschäftigung des Hundes – und durchaus auch eine Beschäftigung des Menschen, der sich als Ballwurfmaschine bewähren darf. Aber ein echtes Spiel haben wir hier in der Regel nicht. Gerade sehr aktive, dopaminlastige Hunde gehen zumeist sehr gerne auf solche «Spiele» ein. Sie haben bereits eine große Affinität, auf Bewegungsreize zu reagieren. Es können aber leicht – frei nach Goethes Zauberlehrling - die Geister, die gerufen werden, auch zu einer mehr oder weniger ausgeprägten Gespensterplage werden. Deshalb ist es in vielen Fällen ratsam – vor allem in der frühen Jugendentwicklung! –, den Ball erst dann interessant werden zu lassen, wenn er liegt, und nicht, wenn er wegrollt oder weggeworfen wird.

Sehr viele Hunde lieben Bälle.

Eine relativ leicht umzusetzende, bereits vom Welpen recht schnell verstandene Lektion dazu wäre die im Folgenden beschriebene Übung zur Impulskontrolle.

Übung zur Impulskontrolle

Eine gute Übung, die einem unkontrollierten Hinterherlaufen vorbeugen, wenn auch dieses nicht zu 100 % verhindern kann. Doch es lohnt sich durchaus, derartige Übungen zur Impulskontrolle bereits mit dem etwas älteren Welpen durchzuführen. Es kann nun einmal nicht immer und alles sofort umgesetzt werden, was einem so als kindlichem oder jugendlichem einfallsreichen Vierbeiner in den Kopf und Sinn kommt. Dies gilt es frühzeitig zu lernen.

Und toll, wenn dabei der bereits junge Hund oft die Erfahrung machen kann, dass es alternativ zum eigenen Einfall so richtig lustig und spannend eigentlich erst bei und mit dem Menschen ist, der sich einbringt und spannende attraktive Angebote macht!

Jeder Hundehalter sollte sich bewusst machen, was das Motivieren des jungen Hundes zum

Verfolgen von Ball, Stock, rennenden Kindern usw. für Folgen haben kann (kann, nicht zwingend muss, aber wer weiß das am Anfang?). Aber gerade diese »Lauf hinterher und fang es Dir«-Beschäftigungsangebote gibt es zuhauf für die heranwachsenden Hundekinder. Und später erfolgen nicht selten die sorgenvollen Klagen: »Was mach ich nur mit ihm, er läuft hinterher und versucht es zu fangen ...!«

Durchführung:
Der Hund ist in unmittelbarer Nähe zum Menschen. Welpen kann man sich vor dem oder seitlich zum Körper in den Arm nehmen und somit soziale Nähe und Verbundenheit geben. Bereits ältere Welpen können wie Junghunde an Geschirr (!) und Leine genommen werden.
Der Mensch stellt sich auf die Leine so, dass der Hund nur einen sehr geringen Bewegungsspielraum hat; er kann bequem sitzen, liegen, stehen, einen Schritt nach vorne gehen, aber sich nicht weiter entfernen, geschweige denn, in die Leine hineinlaufen.

Nun wirft man ein Spielzeug – Ball, Teddy, Zerrtau o. Ä. – geradlinig vor dem Hund ein kurzes (!) Stück weg. Der erste Impuls des Hundes ist in der Regel: »Hinterher!« Doch das geht nicht, denn er wird sanft festgehalten bzw. der Mensch steht auf der Leine. Solange der Hund zappelt und zerrt, verhält sich der Mensch neutral und unbeteiligt, kommentiert nichts von dem Verhalten des Hundes, gibt keine Anweisungen, ruft den Hund nicht zurück. Er bleibt einfach nur stehen und wartet ab. In der Regel dauert es nicht lange und der Hund zeigt eine veränderte Reaktion, er setzt sich zum Beispiel hin oder er legt sich, womöglich schaut er seinen Menschen fragend an.

Dieses Verhalten, dass der Hund sich zurücknimmt und seine Aufmerksamkeit nicht mehr auf das geflogene oder weggerollte Objekt richtet, bestätigt der Mensch durch ein freundliches Lächeln, eine sanfte Berührung oder auch einen Futterbrocken, um sodann aber den Hund frei zu geben und zum ursprünglichen Objekt der Begierde gehen zu lassen. Alternativ kann ein ausgelassenes Miteinander von Mensch und Hund erfolgen, was mehr Spaß macht (machen sollte) und das Interesse vom Objekt weg- und zum Menschen und der gemeinsamen Aktion hinlenkt. Viele Hunde interessieren sich für das still liegende Objekt nämlich eh nicht (mehr!).

Wie die Bestätigung im Einzelnen ausschaut, hängt nicht unwesentlich von der Persönlichkeit des Hundes ab und kann nicht pauschal angegeben werden. Wichtig ist, dass die Art der Bestätigung hochwertig ist und dem Hund wirklich vergnügliches, angenehmes, erstrebenswertes Miteinander signalisiert. Der eine Vertreter reagiert auf ein ausgelassenes Zerrspiel beim Menschen, der nächste freut sich über einen alternativ angebotenen Futterdummy, wieder ein anderer genießt eine sanfte und langsame (!) Streicheleinheit und eine Schmuseminute, also eine innige soziale Zuwendung. Und natürlich kann nach der Einkehr von Ruhe zur Bestätigung auch das ursprüngliche, nun ja unbeweglich am Boden liegende Objekt mit einem »Schau es Dir an«, »Hole

Das Objekt wird freigegeben, wenn es bewegungslos am Boden liegt.

es«, »Lauf hin« oder was auch immer der Hund kennt, kann oder lernen soll, freigegeben werden – oder man schaut es sich gemeinsam an.

Ziel ist es, dass der Hund seine spontane Hinterherlaufreaktion auf Bewegungsreize reduziert bis einstellt, mit seiner Aufmerksamkeit beim Menschen bleibt oder sich zu ihm zurückorientiert – und dort dann ein Angebot bekommt! Und das Angebot muss den Reiz toppen (können)! Bei manchen Hunden reicht es völlig, ihnen ein bestätigendes Lächeln zu schenken und sie nach Einhaltung der kontrollierten Ruheposition zum begehrten Objekt gehen zu lassen. Die Erlaubnis, nun endlich an das begehrte Spielzeug gehen zu dürfen, ist ausreichende Bestätigung. Man muss schauen, wo die individuellen Vorlieben liegen.

Sinnvoll aufgebaut und konsequent umgesetzt kann es dazu führen, dass der Hund die Entscheidung in »spannenden« Situationen dem Menschen überlässt: »Darf ich hinterher oder machen wir gemeinsam etwas anderes?« Es ist immer wieder erstaunlich, wie schnell junge Hunde darüber lernen, dass sie nicht jedem Bewegungsreiz unkontrolliert folgen dürfen. Für das weitere Leben bedeutet das eine gute Möglichkeit (wenn auch keine Sicherheit), um einem eventuellen selbst-

ständigen Hinterherjagen von Joggern, Fahrradfahrern, Motorrädern, Autos oder auch Wildtieren vorzubeugen, das kontrollierte Hinterherlaufen und Jagen aber erlauben und praktizieren zu können. Bei der Verfolgung eines Subjekts oder Objekts, sollte der Hund weitestgehend über ein Stopp-Signal umorientiert werden können. Hierzu ist ein früh angesetztes und langwieriges Training notwendig. Und manchmal stößt der Hundehalter an seine Grenzen. Doch es muss dafür gesorgt werden, dass diese glückselig machende Beschäftigung des Hundes (laufen, rennen, etwas oder jemandem hinterherjagen) nicht zur Belastung für die Umwelt und die Gesellschaft wird.

3.2 Sozialspiel

Beim Sozialspiel ist eine soziale Komponente durch einen (oder mehrere) Spielpartner gegeben. Dies können andere Hunde, andere Tiere, aber auch der Mensch sein.
Hierbei ist dann auch wiederum die Besonderheit in der Haustierwerdung des Hundes zu berücksichtigen: Ein vollständig sozialisierter Familienhund bei uns im west- und mitteleuropäischen Bereich hat eben sozusagen eine doppelte Artgenossenidentität. Er betrachtet sowohl den echten vierbeinigen Hund als auch den zweibeinigen Menschen als Artgenossen und kann dementsprechend sozial

mit beiden interagieren, kommunizieren und eben auch spielen. Das Mensch-Hund-Spiel unterscheidet sich zwar in seiner Zusammensetzung, in den gezeigten Verhaltensweisen und anderen Details sehr wohl vom Hund-Hund-Spiel, trotzdem begibt sich der Hund eben im Spielkontakt mit beiden Arten auf Augenhöhe und zeigt dementsprechend auch die Kommunikationssignale der Spielaufforderung, Spielerhaltung und anderer Bereiche. Gerade im Sozialspiel könnten die Spielgefährten spielend spielen lernen, es bietet große Chancen. Doch ausgerechnet hier zeigen sich auch am ehesten diverse Risiken von Spiel.

Hunde unter sich

Im innerartlichen Sozialspiel kommen die meisten Kriterien, die Spielverhalten kennzeichnen, zum Tragen. Die Bewegungsmuster, Mimik und Gestik, sind übertrieben, von albern bis grotesk, das viel genannte »Spielgesicht« mit aufgeblasenen Backen, großen Augen, runden Maulwinkeln und oft etwas »zerknautschtem« Ausdruck, ist gut erkennbar.
Im Rennen, Rangeln und Raufen liegt eine Ausgewogenheit, Rollen wechseln, mal gewinnt der vorherige Verlierer, mal verliert der vorangegangene Gewinner. Einzige Ausnahme wäre der »passionierte Hase«, also derjenige Spielteilnehmer,

Nicht jedes »Sich-miteinander-Beschäftigen« ist Spiel. Aber dann auch nicht unbedingt eine ernsthafte Auseinandersetzung.

der aus eigenem Wollen gern die Rolle des Unterlegenen, des Gejagten, des Erlegten übernimmt, solche gibt es durchaus auch. Entscheidend sind gerade beim Sozialspiel – und das ist völlig unabhängig vom Gegenüber – die Kriterien der Vertrautheit und des Vertrauens, der Berechenbarkeit und Vorhersagbarkeit. Nur wer einander vertraut und einschätzen kann, der kann sich auch ganz im Spiel öffnen und fallen lassen. Er muss keine Angst haben, dass ihm etwas passiert oder dass er aus der Offenbarung eigener Schwächen einen ernsten Nachteil erleiden wird. Allein diese Situation haben wir nicht, wenn zwei oder mehr Hunde sich zufällig treffen und dann »miteinander spielen« sollen. Es kann eine Interaktion erfolgen, diese kann sogar positiv sozial ausfallen. Es kann auch eine Hinterherrennerei oder eine wilde Rangelei entstehen, aber alles ist eher ein Sich-miteinander-Beschäftigen als echtes Spiel.

Bemerkenswert ist, dass die unterschiedlichen Formen sozialen Spielens auch zum Beispiel beim Neuaufbau von sozialen Beziehungen (Einbringen eines neuen Hundes in eine Gruppe oder Familie) mit unterschiedlicher Geschwindigkeit auftreten können. Vergleichsweise harmlose Formen, etwa gemeinsame Rennspiele, sind tatsächlich schon sehr früh zu beobachten. Gefährlichere, weil eventuell eskalations- und mit möglichen Missverständnissen behaftete Formen, vor allem das Raufen, Balgen und Toben mit vollem Körpereinsatz, werden dagegen erst nach einigen Wochen oder sogar Monaten des aneinander Gewöhnens gezeigt. Notwendige Voraussetzung dafür muss eben sein, dass man einander gut genug kennt, sich einschätzen und vertrauen kann, so dass Missverständnisse in der Kommunikation von beiden Seiten nicht oder nicht tragend vorkommen.
Auch bei den nur wenigen, aber zum Beispiel auch in unserer Gruppe durchgeführten Untersuchungen zur Gruppenzusammenführung bereits erwachsener Hunde zeigte sich, dass Spielverhalten erst nach einem Zeitraum von einigen Wochen und dann bemerkenswerterweise zuerst zwischen Rüden und Hündinnen, also zwischen den Geschlechtern, gezeigt wurde.

Vergleicht man solche Spontanbegegnungen mit Treffen von langjährigen oder zumindest einander aufgrund Zusammenlebens oder häufigem, regelmäßigem Treffen gut kennenden Kumpelkonstellationen, dann sieht man deutliche Unterschiede im Miteinander. Auffallenderweise fallen die Spontanbegegnungen meist wesentlich heftiger, rauer aus und münden schneller in länger andauernden Rennsequenzen. Der bei solchen Begegnungen anfallende höhere Stresspegel entlädt sich über vermehrte Aktivität. Und dieser Stresspegel in Kombination mit der körperlichen Aktivität und die dadurch ausgelösten chemischen Reaktionen im Gehirn sind auch mit verantwortlich, wenn solche Begegnungen »plötzlich« umschlagen. Solch Umschlagen sehen Trainer häufig in Junghundgruppen, vermehrt bei Vertretern von sogenannten Gebrauchshunderassen. Dieses komplett zu unterbinden ist ebenso schädlich für die weitere Entwicklung wie ein unkommentiertes Laufenlassen nach »Das machen die unter sich aus«-Manier. Was soll denn da untereinander

Das Tragen eines Maulkorbs, wenn er gut sitzt und korrekt antrainiert wurde, stört Hunde bedeutend weniger als deren Halter, die häufig ein großes Problem mit ihm haben und sich in der Öffentlichkeit mit einem »bemaulkorbten« Hund vorgeführt und unwohl fühlen! Dabei ist der Maulkorb für viele Hunde eine große Chance!

ausgemacht werden? Worum geht es denn in der Situation nach Meinung derjenigen, die solche unsinnigen Ratschläge geben? In der Regel fällt da keine plausible, geschweige denn auch nur annähernd korrekte Antwort. Weil es eben keine gibt. Doch was wäre zu tun?
Natürlich kann man (wieder!) keine pauschalen Tipps geben, aber zumindest einige Anhaltspunkte, nach denen Ausschau gehalten werden muss:

- **Wenn ein Jungspund seine körperliche Überlegenheit kennt bzw. diese gegen Andere austestet:** Solch ein »Problem« sieht man häufig bei molossoiden Hundetypen, die aufgrund ihrer hohen Körpermasse in bereits früher Jugend oft die Erfahrung machen, dass sie gleichaltrigen Artgenossen überlegen sind. Häufig reicht es schon aus, diese in bestimmten Entwicklungsphasen, wenn dieses Verhalten des Überrollens und Niederrempelns gezeigt wird, mit etwas älteren, vor allem ihnen körperlich gewachsenen und sozial agierenden Hunden zu konfrontieren. Wenn sie die Chance bekommen zu erfahren, dass sie bei angepasstem Verhalten mehr Miteinander erleben können, modifizieren sie leicht(er) ihr Verhalten und lernen, sich auch etwas zurückzunehmen (siehe Fallbeispiel Nelson, Seite 101).

Wenn man sich unsicher ist: Zur Sicherung anderer Hunde, aber auch zur Vermeidung von unangenehmen Reaktionen auf eventuellen Zahneinsatz empfiehlt sich die Gewöhnung und das Tragen eines gut sitzenden, bequemen Beißkorbs für alle (!) hundlichen Beteiligten.

- **Wenn sich aus Rennsequenzen plötzlich Hetzjagden mit Packen und Schütteln entwickeln:** Wie oben bereits angesprochen, sieht man diese Entwicklung häufig bei Gebrauchshundetypen zwischen dem ersten und zweiten Lebensjahr. Stellt man solche Passion beim eigenen Hund fest, muss man ein wachsames Auge darauf haben und ihn nicht weiter sich immer wieder in solche Verhaltensweisen stürzen lassen. Rennsequenzen müssen früher beendet werden, bevor der Schalter umkippt. Impulskontrollübungen sollten erfolgen, aber ohne den Hund zu viel in die Frustration zu schicken – was völlig kontraproduktiv wäre –, sondern um gemeinsam mit dem Menschen spannendes und forderndes, dabei aber erlaubtes Alternativprogramm erleben zu können. Gerade bei den jugendlichen Hunden geht es um Phasen, die es sinnvoll und zielführend zu überbrücken gilt (siehe Fallbeispiel Angie, Seite 102).
  Wenn man sich unsicher ist: Zur Sicherung anderer Hunde, aber auch zur Vermeidung von unangenehmen Reaktionen auf eventuellen Zahneinsatz empfiehlt sich die Gewöhnung und das Tragen eines gut sitzenden, bequemen Beißkorbs für alle (!) hundlichen Beteiligten.

Welpen-/Junghundegruppen? »Ja, unbedingt!«, oder »Nein, danke!« ?

Immer wieder taucht die Frage auf, ob Welpengruppen sinnvoll, womöglich notwendig sind oder eher abzulehnende Risikofaktoren im Hundeleben darstellen. In gut geführten Welpengruppen werden die Hundekinder behutsam und sanft mit verschiedensten Reizsituationen konfrontiert. Von flatternden Bändern über sich drehende Windräder bis hin zu verschiedenen Bodenuntergründen und diversen Geräuschkulissen, wird alles geboten. Durch die mit anwesenden Altersgenossen verschiedenster Typen und unterschiedlichstem Aussehens erfolgt einerseits eine Gewöhnung an die Vielfalt der eigenen Art in Aussehen und Verhalten. Sie stellen aber auch gute Interaktions- bis Spielpartner dar und dienen als Ablenkungsreize in verschiedenen Situationen. Außerdem fällt manche eigene Überwindung auch leichter, wenn man sieht, dass der Kumpel eine vermeintlich gruselige Situation durchaus und schadfrei meistern kann, so dass man sich selber auch mehr traut.

Und natürlich gibt es immer wieder die Frage nach dem Spiel in Welpengruppen. Im vorangegangenen Text wurde bereits mehrfach auf die Notwendigkeit des innerartlichen Spiels gerade in der Welpenzeit hingewiesen. Und besondere Bedeutung hat hier die Zeit, in welcher die meisten Welpen bereits in ihrem neuen Zuhause und daher zwangsläufig von ihren Geschwistern getrennt sind. Wo sollen sie nun mit möglichst gleichaltrigen bzw im vergleichbaren Entwicklungsstand befindlichen Spielkameraden interagieren können, wenn nicht in einer Welpengruppe? Natürlich gibt es durchaus auch andere Begegnungen mit Artgenossen im Alltag. Doch häufig sind dieses nur vereinzelte Begegnungen (oder im umgekehrten

Oft sind Hundehalter verunsichert, wenn sie sehen, dass ihr »armer« Kleinhund von einem »Großen« in der Welpengruppe »attackiert« wird. Meist ist alles aber völlig harmlos und kein Grund zur Beunruhigung vorhanden. Das Geschehen muss wachsam, aber nicht übervorsichtig beobachtet werden.

Fall, wenn bereits Welpen auf Hundetreffwiesen geschleift werden, viel zu viele und zu heftige Begegnungen auf einmal!). Eventuell sind es Begegnungen mit Artgenossen, die sich in einer ganz anderen Altersspanne und/oder einem zum Welpen völlig unpassenden Entwicklungsstand befinden. Eventuell sind es Begegnungen, die von den Hundebesitzern völlig falsch interpretiert und wenig förderlich bis gefährlich sein können. Aus diesem Grunde muss gesagt werden: Hundekontakt ist nicht gleich Hundekontakt.

Es wurde bereits darauf hingewiesen, dass eine zu große Menge an Artgenossen einen Hund, speziell einen Welpen, völlig überfordern kann. Deshalb sollte man auch hier als Richtwert durchaus anführen, dass eine Welpengruppe mit maximal »Sieben auf einen Streich« gut bestückt ist, also nicht mehr als sieben Teilnehmer beinhalten sollte. Quantität als Indiz für Qualität gilt definitiv nicht (eher im Gegenteil, wenn ein Trainer mit einer Ü10-Welpenmeute allein auf dem Platz steht!).

Es wurde ebenfalls bereits angeführt, das frei-gewählte Spieleinheiten keine allzu großen Zeitspannen umfassen. Eine Spielphase von fünf Minuten ist für Welpen fast schon zu lang. Deshalb ist das Entspannen beziehungsweise das Entspannen-Lernen ebenfalls ein wichtiger Punkt auf dem Lehrplan einer Welpengruppe. Gerade in Bezug auf Welpenschulung ist wieder die Kompetenz des Hundetrainers gefordert, der mit Verstand und wachsamen Augen das gesamte Geschehen moderiert und kontrolliert.

- Wann und wie muss eingegriffen werden?
- Was kann, sollte oder muss man sogar laufen lassen?
- Warum ist ein vorzeitiges Eingreifen eventuell sogar hinderlich für die Entwicklung von sozialer Kompetenz beim Welpen?
- Warum schadet es dem Hund und der Mensch-Hund-Beziehung, wenn der Welpe in unangenehmen Situationen von seinem Menschen einfach im sprichwörtlichen Regen stehen gelassen wird?

Die Beantwortung all dieser Fragen bietet innerhalb der Welpengruppe eine schöne Gelegenheit, um theoretische Hintergrundinformationen, die im Alltag so immens wichtig sind, an die Hundebesitzer weiterzugeben. Auch das ist – enorm wichtiger! - Inhalt einer Welpengruppenstunde!

Grundsätzlich sollten in einer Welpengruppe nur Hunde im relativ gleichen Alter bzw. im mental zueinander passenden Entwicklungsstand miteinander Kontakt haben. Hier und da ist es durchaus eine gute Maßnahme, einen sozial korrekt agierenden, souveränen Althund mit ins Geschehen zu

In einer Welpengruppe sollten nur Welpen anzutreffen sein, also Hunde, in ähnlichem Alter und vor allem im vergleichbaren mentalen Entwicklungsstand.

In Junghundegruppen geht es häufig etwas rauer zu. Pubertierende sind eben wenig zimperlich, egal, ob mit zwei oder vier Beinen.

nehmen. Dieser kann, so er dazu fähig ist (wenn nicht, hat er hier eh nichts zu suchen), als Kindermädchen fungieren. Doch ersetzt der erwachsene Hund, mag er auch noch so welpenkompatibel sein, nicht den gleichaltrigen Kumpel. Wobei aber auch selbst das Alter allein kein ausschlaggebendes Kriterium darstellt, denn der 13 Wochen alte Kleinterrier kann unter Umständen bereits reif für die Junghundegruppe sein, wo hingegen ein 18 Wochen altes Sensibelchen noch bestens in der »Babygruppe« aufgehoben ist.

Individualität und individuelle Bewertung zählen! Wer in einer Welpengruppe nichts zu suchen hat, ist der pubertierende Jungspund, der schnöselige Großmaul-Teenie, der in einem Welpen womöglich ein gefundenes Opfer zum Ausleben seiner pubertären Hauruck-Haudruff-Ideen hat. Auch über die Möglichkeiten und Grenzen von groß- und kleinwüchsigen Welpen gemeinsam in der Gruppe wurde bereits gesprochen. Wieder ist hierzu das Fingerspitzengefühl und die Kompetenz des Trainers gefragt, um zu entscheiden, wann,

wie und in welchem Umfang der Kontakt zwischen Klein und Groß möglich ist.

Im optimalen Fall bietet die Welpengruppe bei einer Dauer von 45 bis maximal 60 Minuten eine wohldosierte Kombination von Lern-, Spiel- und Entspannungseinheiten mit gezielten kleinen (!), kurzen (!), spielerisch aufgebauten Übungen, theoretischer Unterrichtung der Menschen und ruhiger, sanfter, konsequenter und kompetenter Anleitung insgesamt.

Vergleichbares gilt für **Junghundegruppen**. Auch hier ist die Überschaubarkeit der Gruppengröße immens wichtig. Eine Anzahl von 4–6 Teilnehmern ermöglicht noch am ehesten ein konzentriertes Arbeiten mit Hunden, die sich in einem Alter befinden, wo ihnen selber die Konzentrationsfähigkeit etwas abhandengekommen ist. Deshalb sind zu viele Außenreize, zu viele Ablenkungen hinderlich und störend. Auch in dieser Gruppe ist der gelegentliche Freilauf mit der Möglichkeit zum ausgelassenen Rennen und Toben förderlich und wichtig. Wir wiesen bereits an anderen Stellen ausdrücklich und umfassend darauf hin. In dieser Altersphase ist das Verhalten häufig etwas überschäumender, ungezügelter und rauer als gewohnt. Das ist aber kein Grund dafür, die Konfrontationen mit Artgenossen komplett einzustellen. Im Gegenteil!

Raufergruppen

Häufig hört man den Begriff der »Raufergruppen«, viele Hundeschulen bieten solche Gruppen an. Manche verstehen darunter Gruppen von rüpelnden und rempelnden Junghunden, die sich im Kontakt miteinander grobmotorisch und nicht immer zartfühlend freundlich begegnen. Eigentlich geht es aber eher um die zum Zwecke der Resozialisierung erfolgende Eingliederung von Hunden mit innerartlichem Aggressionsverhalten. Derartige Raufergruppen gehören ausschließlich in die Hände von kompetenten Trainern, sie beinhalten viele Risiken und können bei inkompetent überwachtem Verlauf viel Schaden anrichten. Die Chancen steigen oder fallen mit dem moderierenden und kontrollierenden Trainer, der sich seiner elementaren Aufgabe extrem bewusst sein muss. Gruppenhaltung allgemein ist bereits eine anspruchsvolle Aufgabe, aber eine Gruppe mit einem oder mehreren verhaltensauffälligen Kandidaten eine noch ganz andere Herausforderung. Die Chancen für ein Umlernen bei Hunden mit gestörtem Sozialverhalten sind zweifelsfrei bei kompetenter Handhabung gegeben. Manche Trainer haben bereits vielen Hunden dadurch den Weg zurück in ein – so weit wie möglich – unbeschwertes Leben im Alltag ermöglicht. Es gilt sich gut und umfassend zu informieren, wenn man eine Raufergruppe mit seinem Hund besuchen möchte, damit der Hund nicht zum Versuchskaninchen wird, bei welchem dann in der Folge – ratzfatz – weitere Probleme aus dem Hut »gezaubert« werden!

Der Maulkorb

Vielleicht erscheint es Ihnen, lieber Leser, ja paradox, dass gerade in einem Buch, in welchem es um Spiel geht, welches also nach landläufiger Meinung »lockerflockig«, entspannt und lustig sein sollte, etwas wie ein Maulkorb erwähnt wird.

Dieses so wertvolle Hilfsmittel ist bis zum heutigen Tag verteufelt, missachtet und unterschätzt. Studien belegen, dass Hunde gar keine Probleme mit dem Tragen eines (gut sitzenden und sorgfältig antrainierten!) Maulkorbs haben, weder bei sich, noch beim Artgenossen gegenüber. Im Gegenteil! Häufig werden kommunikative Signale deutlicher gesendet und Spielverhalten überhaupt erst ermöglicht! Der Maulkorb bietet eine große Chance zum Umlernen, die viel zu wenig genutzt wird!

Die häufig gehörte Befürchtung, dass Hunde mit Maulkorb nicht richtig kommunizieren könnten, ausgegrenzt oder gar gemobbt würden (»weil sie sich nicht wehren können«), ist nach Untersuchungen in unserer Forschungsgruppe von Ivonne Spitzley und Nicole Elsing völlig unbegründet. Weder im Kommunikationsverhalten der Hunde mit Maulkorb noch in den Reaktionen ihrer Kumpel, weder in der Gesamtaktivität noch im Stresshormonpegel des Cortisols, zeigen sich solche verallgemeinerbaren Effekte. Es kommt vielmehr auf das »Wie«, also das kompetente Maulkorbtraining (siehe dazu unser Buch »Mein Hund zeigt Aggressionen«) an.

Hund und Mensch ins Spiel vertieft

Natürlich gibt es auch Sozialspiel zwischen Hund und Mensch – doch muss der Mensch sich darauf einlassen (wollen und können). Leider wabern ja noch immer mythische Slogans durch die Hundehalterszene, nach denen Hunde räumlich nie über dem Menschen sein (oh, gefährlich, Dominanz!), nie ein Spiel initiieren (Hilfe, Vorsicht, es entwickelt sich ein Forderer), geschweige denn gewinnen (schon wieder Dominanzstreben), nie gegen den Menschen rempeln (respektloses Verhalten darf doch nicht geduldet werden?), ihn anknurren (jetzt übernimmt der Hund auch noch die Weltherrschaft und gibt Widerworte) oder hinter ihm herlaufen dürfen. (Wir hoffen sehr, der Leser erkennt den Unfug, der sich hinter solchen Aussagen verbirgt.)

Genau dies passiert alles in einem echten Spiel! Und dieses ausgelassene Miteinander ohne Hierarchie, angefüllt von individueller Gestik, Mimik und unverwechselbarem Duktus, mit kindlichem Übermut und überschäumender Lust, das bringt einander näher, verschafft Attraktivität, verleiht Einzigartigkeit und ist nicht einfach zu ersetzen. All dies sind bindungsstärkende und -fördernde Attribute, so dass deutlich wird, dass echtes (!) soziales Spiel zwischen Mensch und Hund auch eine erhebliche bindungsrelevante Komponente beinhaltet.

Alles spielt auf mein Kommando!

»Spielen Sie doch mal mit Ihrem Hund!« Gibt man diese Aufforderung an einen Hundehalter, erfolgt in einem erschreckend hohen Prozentsatz die Antwort: »Ach, ich habe gerade gar kein Spielzeug dabei!« Oft, zu oft, wird ein Objektspiel mit Sozialspiel verwechselt bzw. gleichgesetzt. Beides kann sich durchaus vermischen, auch bei Hunden untereinander. Doch ist das Objektspiel zwischen Mensch und Hund in der Regel eh überhaupt kein wirkliches Spiel, sondern Beschäftigung, manchmal sogar reine Beschäfti-

Nicht jede Beschäftigung mit dem Hund ist gleichzeitig auch Spiel!

gungstherapie – und zwar für beide beteiligten Parteien. Da werden Bälle mit oder ohne Ballschleuder vom Einem, in der Regel dem Menschen, katapultiert, denen der Andere, in der Regel der Hund, hinterherrennen kann. Alternativ fliegen Frisbees, Stöcke (siehe Anmerkungen zu Stöcken, aber auch zur notwendigen Impulskontrolle weiter oben) oder sonstige Objekte. Oder es rollen Bälle beim Treibball, die der Hund in vorgegebene Richtungen bewegen muss. Oder er jagt einem Flauschbüschel an der Reizangel hinterher, das er nur auf Kommando packen darf. Alle diese Dinge haben mit Spiel nichts zu tun, der charakteristische Rollenwechsel fehlt komplett. Sie sind Beschäftigungen oder sogar Trainingselemente für bestimmte Verhaltensweisen. Spielen beschäftigt, aber nicht jede Beschäftigung ist Spiel!

Spiel auf Kommando, Spiel auf Befehl, Spiel mit fremden Personen – das sind Dinge, die sich ausschließen. Hier geht es viel um Emotionen, um Gestimmtheiten, um Befinden. Können Sie sich auf Kommando glücklich, entspannt, wohl und zufrieden fühlen? Nur, weil Ihnen das gerade jemand »befiehlt«? In den seltensten Fällen sind die Gegebenheiten so, dass ungezwungenes, unbeschwertes Spiel auf Anweisung überhaupt vorkommen kann. Doch genau dieses »Alles spielt auf mein Kommando« wird oft in Prüfungssituationen abverlangt. Wie soll das aber gehen? Rahmenbedingungen stimmen nicht, denn die Umgebung ist oft nicht vertraut, der Mensch und die Atmosphäre aufgrund der Prüfungssituation sind nicht entspannt. Fremde, nicht einschätzbare Personen sind zugegen, ein gewisser Druck ist zu verspüren. In der Regel entfällt die soziale Komponente eh, denn was gesehen werden will ist Beutemotivation. Doch das hat erst recht mit Spiel nichts zu tun. Und einen »Spieltrieb«, der so gern in solchen Situationen als ausgeprägt oder fehlend angeführt wird, gibt es schon mal überhaupt nicht.

3.3 Solitärspiel als Objekt- und Bewegungsspiel

Sich mit sich selbst zu beschäftigen, mit sich alleine zu spielen, ja, das gibt es auch bei Hunden. Und das bereits im frühesten Alter! Auch bei Solitärspielen muss, möglicherweise auch wegen unterschiedlicher Funktionen und Aufgaben, nochmals unterschieden werden in die zwei Kategorien »Objektspiele« und »Bewegungsspiele«. Beide haben hier einen unterschiedlichen Hintergrund. Während Objektspiele bei vielen Beutegreifern, eben auch bei Hunden, vorwiegend eine symbolische Form

Von Welpenalter an haben Hunde ein Faible für Objekte, solche oder solche, mehr oder weniger.

Manchmal möchte man einfach nicht aktiv sein und genießt auch mal die Ruhe mit sich selbst.

der Beschäftigung mit vor allem kleinerer Beute darstellen, sind Bewegungsspiele oftmals Training für das Entkommen vor Feinden oder andere Fluchtreaktionen. Wieder ist eine unterschiedliche Häufigkeit in unterschiedlichen Altersstadien und zu unterschiedlichen Zeiten zu beobachten. Jeder Züchter kennt die Bilder, wenn Welpen nicht nur miteinander agieren, sondern allein sich selbst und die Umwelt erkunden und dabei auch in Verhaltensweisen verfallen, die zum Spielverhalten zu zählen sind. Bereits bei fünf, sechs Wochen alten Welpen sind Sequenzen zu sehen, die sich in vergleichbarer Form auch in anderen Altersstufen immer wieder zeigen. Da werden Spielzeuge oder Äste durch die Gegend getragen, vor anderen in Sicherheit gebracht, eventuell sogar regelrecht versteckt und »gebunkert«. Da werden von jetzt auf gleich energiegeladene Renneinlagen gezeigt, denen nicht selten die Beinchen noch gar nicht gewachsen sind und Stolperei und Purzelbaum folgen. Lachend kommentiert der Mensch das mit: »Hoppala!« Später kennt man so etwas als »dolle 5 Minuten«, bei denen der Hund auch mal über Sofa und Sessel schießt und plötzlich von jetzt auf gleich in Tiefschlaf fällt. Solche Szenarien spielen sich dann gern nach der Nahrungsaufnahme ab. Und manchmal besteht das Spiel auch einfach nur aus einem Beknabbern oder Belecken eines Teddys,

Es gibt nur wenige Untersuchungen, die bei Hunden einen Zusammenhang zwischen der Wurfgröße und dem späteren Sozialverhalten herstellen.

der mit den Pfoten über dem Körper oder Kopf hochgehalten und balanciert wird, während der Hund auf dem Rücken oder der Seite liegt.

Manche Hunde sind geselliger als andere, das ist teilweise typgegeben, aber im Wesentlichen auch individuell ausgeprägt. Und nicht jeder Hund, der eben kein »Partyheld« ist und sich selbst genügt oder kleinere Gesellschaften vorzieht, ist asozial! Auch wir Menschen sind da individuell unterschiedlich gestrickt und sollten genau dieses auch unseren Hunden zugestehen, allerdings ohne ihnen das eine oder das andere Geselligkeitsverhalten dogmatisch vorzuschreiben oder grundsätzlich vom Menschen auf den Hund zu spiegeln.

Und manchmal hat man mit Gesellschaften vielleicht auch einfach schlechte Erfahrungen gemacht und meidet diese deshalb aus solchen Gründen. Auch das kommt bei unseren Hunden ebenfalls vor. Und wer hat dann Lust zu spielen?

Die Erfahrungen aus der Aufzucht- und Welpenzeit spielen eine große Rolle. Wie viele Geschwister hat der jeweilige Hund, welche Erfahrungen hat er mit diesen gemacht und wie lange war er mit ihnen zusammen?
Wie bereits gezeigt wurde, ist gerade der regelmäßige spielerische Kontakt mit Wurfgeschwistern, Babysittern und anderen Spielkumpels im Zeitraum des zweiten bis vierten Lebensmonats hier

von entscheidender Bedeutung. Es gibt zwar Rasseunterschiede beispielsweise in der Frage, wann zuerst in der Welpenentwicklung welche Verhaltensbereiche auftreten (kommt es zu Spielverhalten vor oder nach dem Auftreten von aggressivem Verhalten, tritt Aggressionsverhalten vor oder nach dem Dominanzverhalten zeitlich auf etc.), allgemein ist jedoch, dass Spielverhalten im Welpenwurf bereits sehr früh beginnt. Ebenfalls bereits sehr früh zeigen sich dann Spielbevorzugungen und Spielpartnerschaften, und diese können auch bis zum Beginn der Pubertätsphase beibehalten werden. Dies gilt auch für frühe Feindschaften, die dann in der weiteren Entwicklung, vor allem in der pubertären, zu ernsthaften Auseinandersetzungen mit Beschädigungsabsichten führen können. Das ist mit einer der Gründe, warum die Übernahme von Geschwistern, vor allem gleichgeschlechtlicher, durchaus Risiko behaftet und nicht unbedingt empfehlenswert ist.

Jedoch ist die individuelle Spielbereitschaft auch in diesem Alter bereits mit Persönlichkeitsunterschieden verknüpfbar. Wer besonders viel mit seinen Artgenossen zu spielen bereit ist und dadurch auch eine besonders feinfühlige Kommunikation einstudieren kann, tendiert auch später dazu, sich eher als geselliger Familienhund oder eben als Helferlein beim Aufziehen und Bewachen der jüngeren Geschwister des nächsten Jahres zu betätigen. Wer in dieser Zeit entweder sich selbst aus der Spielsituation herausnimmt und eher mit anderen Dingen beschäftigt ist oder von den Geschwisterchen ausgegrenzt wird und deshalb nicht mitspielen darf, tendiert auch dazu, die elterliche Familiengruppe früher zu verlassen. Untersuchungen an anderen Tierarten, seien es Labornager, Katzen oder auch Affen, lassen hier auch einen Zusammenhang mit der Entwicklung des als Oxytocinsystem bekannten Hormonbereichs erkennen. Eine empfindlichere und auf höhere Konzentrationen von Oxytocin ausgerichtete genetische Ausstattung und/oder epigenetische Disponierung, führt also offenbar zu einer geselligeren und damit später auch sozial motivierteren Persönlichkeit. Umgekehrt ist bei Affenarten eindeutig belegt - und bei anderen Arten durchaus zu vermuten-, dass auch die Größe der Gruppe, in der man später lebt, mit der Aktivität des Oxytocinsystems und den dadurch beispielsweise unterschiedlichen Spielerfahrungen in Beziehung steht.

Es gibt nur wenige Untersuchungen, die bei Hunden einen Zusammenhang zwischen der Wurfgröße und dem späteren Sozialverhalten herstellen (siehe Gansloßer und Krivy, 2015). Die wenigen Daten, die dazu vorhanden sind, lassen jedoch vermuten, dass Welpen aus mittelgroßen Würfen (ca. 5 bis 7) insgesamt wohl die besten Bedingungen aufweisen. Gerade bei größeren Würfen wäre dann auch, wie Vergleichsuntersuchungen mit wild lebenden Kaniden vermuten lassen, die Anwesenheit von Babysittern ganz besonders wichtig, da die Mutter selbst sich ja auch aus der Betreuung des Nachwuchses bereits sehr früh verabschiedet bzw. diese gern zu großen Teilen an andere Familienmitglieder abgibt.

3.4 Artübergreifendes Spiel

Bereits das Spiel zwischen Mensch und Hund ist ja ein artübergreifendes. Somit ist die Frage, ob es artübergreifendes Spiel überhaupt gibt, leicht und schnell mit einem klaren »Ja« zu beantworten.

Manch ein Tierhalter hält selber verschiedene Tierarten und weiß, dass Hund, Katze, Hase, Meerschweinchen und Vögel sich nicht nur zu erkennen und zu schätzen lernen können, sondern dass es auch durchaus Spielverhaltensweisen zwischen ihnen zu beobachten gibt. Man lernt quasi die Sprache des Gegenübers und kann sich mehrsprachig mitteilen und verhalten.

Vorsicht: Die Tatsache, dass der Hund zuhause mit der eigenen Familienkatze spielt bedeutet aber lange nicht, dass er grundsätzlich mit jeder Katze freundlich Kontakt aufnimmt. Gleiches gilt natürlich für alle anderen Tiere. Die in der eigenen Familie mitlebenden Tiere sind eben vertraut, ihre Verhaltensweisen bekannt und dadurch berechenbar.

3.5 Rollenspiel

Da wir bereits das »Tricksen« angesprochen haben, sollten auch zwei Dinge keinesfalls unerwähnt bleiben, nämlich das »Gespielte Spiel« und das Rollenspiel. Im Grunde wird auch hier getrickst, da anhand von bestimmten Signalen etwas vorgespielt, vorgegaukelt wird, was nicht zur Situation passt oder was nicht der Wahrheit entspricht.

Beim »Gespielten Spiel« handelt es sich häufig nur um einzelne Elemente aus dem Pool der Spielsignale, die zu sehen sind. Das kann zum Beispiel eine Vorderkörpertiefstellung sein, die jedoch nicht so übertrieben, nicht so tief, allein nur mit den Vordergliedmaßen ohne Spielgesicht, ohne Beteiligung weiterer spielerischer Kommunikationsmerkmale, einem eher weniger Vertrauten gegenüber entgegengebracht wird. Oder ein »Gespieltes Spiel« wird in einer insgesamt etwas angespannten Atmosphäre gezeigt.

Dieses »Gespielte Spiel« erlebt man meist dann, wenn eine Situation – aus welchem Grund auch immer – mit einem Konflikt behaftet ist. Über das »Gespielte Spiel«, die vorgetäuschte Spielaufforderung, wird aktiv versucht, diese Konfliktsituation in einen positiven Verlauf zu wenden. Es wird das Angebot zu einer positiven Interaktion gemacht, damit gleichzeitig das Gegenüber etwas milder gestimmt. »Gespieltes Spiel« ist auch zu sehen als Übersprunghandlung und zum Stressabbau.

Eine Art Rollenspiel ist im Tierreich durchaus auch bekannt, allerdings sollte man hier doch vorsichtig sein mit dem Lust und Spaß betonten Begriff des Spiels. Meist sind Todesangst und Panik Hintergründe für das Einnehmen einer anderen Rolle. Man denke zum Beispiel an den sich totstellenden Hasen, der über Vorspiegelung eines Kadavers seinem Beutegreifer und damit dem relativ sicheren Tod zu entrinnen versucht. Auch bei anderen Tieren ist das Verfallen in eine Starre, das reglose Abwarten, eben das Sich-Totstellen als

Gerade bei der Interaktion von erwachsenem und jungem Hund ist das Self-Handicap oft zu sehen.

Überlebensstrategie bekannt. In den USA gibt es sogar die Redewendung »to play opossum« für Personen, die sich am liebsten unsichtbar machen würden. Das Opossum verfällt nämlich in eine Bewegungsstarre, bei welcher es das Maul weit aufgerissen hat, wenn es sich durch überlegene Feinde bedroht fühlt! Selbst Insekten nutzen die »Ich-stell-mich-Tot«-Taktik in verschiedenen Situationen.

In Bezug auf unsere Hunde haben wir das Self-Handicap bereits angesprochen. Hier schlüpft der Überlegene in eine andere Rolle, nämlich in die Rolle des Schwächeren, des Langsameren, desjenigen, der der Situation nicht ganz gewachsen ist. Somit beweisen auch unsere Hunde schauspielerisches Talent und sind in der Lage, Rollenspiele zu spielen. Und das durchaus mit einem Bewusstsein und mit Überlegung.

4. WENN ES KEIN SPIEL MEHR IST!

Leider werden – und zwar durchaus nicht nur von hundeunerfahrenen Menschen und Laien – vielfach Verhaltensweisen von Hunden in die Spielekiste gepackt, die dort eigentlich überhaupt nichts zu suchen haben. Die Aussagen »die spielen doch so schön« oder »der will nur spielen« sind nicht umsonst bei Hundeexperten schon als stehende Redewendung für die oft mangelnde Einschätzungsfähigkeit der hundehaltenden Zweibeiner etabliert. Einige Verhaltensbereiche, die möglicherweise Übergänge zum Spielverhalten gehabt haben könnten, sich jedoch mittlerweile längst aus der Spieleecke verabschiedet haben, sollen im Folgenden noch mit ihren Risiken kurz dargestellt werden.

4.1. Mobbing und Bullying

Ein Mob ist eigentlich eine Menge und ein Einzelner kann dementsprechend einen anderen nicht mobben, es sei denn, er hat eine multiple Persönlichkeitsstörung. Die englische Sprache ist hier mal wieder etwas differenzierter, dort wird nämlich Mobbing wirklich nur verwendet, wenn mehrere über einen herfallen, und Bullying ist es, wenn einer einen anderen schikaniert, ärgert oder gar quält.

Diese Unterscheidung sollten wir aufgrund der unterschiedlich nötigen Reaktionsweisen des Hundehalters durchaus auch bei unseren Hunden treffen! Nun ist das Behandeln von Mobbing, Bullying und ähnlicher, sozial motivierter Ausgrenzungserscheinungen nicht das zentrale Thema unseres Buches. Trotzdem finden sich leider oftmals Szenen, in denen ein Hund von einem oder mehreren schikaniert, geärgert und permanent gejagt wird, auf Hundewiesen unter diesem oben genannten Slogan: »Guck mal, wie schön die spielen!« Hier muss also ganz besonders auf das Ausdrucksverhalten von Jäger und Gejagtem geachtet werden. Ein gutes Unterscheidungskriterium ist dann auch beispielsweise was passiert, wenn der Gejagte durch einen Zaun oder ein anderes Hindernis am Weiterrennen gehindert wird. Reagiert der Verfolger dann deutlich verlegen oder dreht gar um und rennt davon, dann war es

Noch Spiel oder schon Mobbing? Nur genaue Beobachtung bringt Aufschluss.

höchstwahrscheinlich kein sozial motiviertes, auf Ausgrenzung oder ähnliche Vorteilsnahme ausgerichtetes Mobbing oder Bullying. Es kann jedoch durchaus eine Jagdszene gewesen sein. Wenn ein kleinerer, eventuell sich auch noch ungeschickt bewegender oder Gangwerk geschädigter Hund sich etwas gehemmt oder auffällig über das Feld bewegt, dann kann er eben auch von einem anderen als Pseudohase benutzt und dann mit allen Elementen des Jagd- und Beutefangverhaltens gehetzt werden. Bleibt dann der Gehetzte stehen oder dreht sich gar um, ist der auslösende Reiz für die Hatz plötzlich weg und man sieht eben oft das bereits genannte verlegene Reagieren des Jägers.

Während die gerade genannte Pseudojagd auf den Pseudohasen nur mit den Methoden des Antijagdtrainings (sofern dieses überhaupt funktioniert!) behandelt und verändert werden kann, sind beim erstgenannten Mobbing und Bullying tatsächlich verschiedene therapeutische Maßnahmen eines Antiaggressionstrainings angesagt. Die Unterscheidung muss eben anhand der bereits beschriebenen Spielsignale, beispielsweise der Luxusbewegungen, des Spielgesichts, der entspannten Körperhaltung und möglichst auch durch Sichtbarkeit oder Fehlen von Rollenwechsel, Selbsthandicap und ähnlichen Spielkriterien getroffen werden.

4.2. Lustbedingte Aggression

Wie bereits in Kapitel 2 gezeigt, aktivieren Spielverhalten, Suchtverhalten und auch manche Teile des Aggressionsverhaltens zwar die gleichen Botenstoffsysteme, speziell des Dopamins, sind jedoch in unterschiedlichen Regionen des Gehirns beheimatet. Gerade die Befürchtung, durch Raufen, Balgen und Toben im Spiel könnte ein aggressiver Hund entstehen, ist daher zunächst neurobiologisch nicht begründet. Suchtsystem, Spielverhalten und Aggression im Wut- und Ärgersystem werden normalerweise zu unterschiedlichen Zeiten aktiviert. Die Gefahr einer Vermischung dieser Funktionsbereiche besteht jedoch dann, wenn in Zeiten pubertärer Umbaumaßnahmen des Gehirns die genannten Verhaltensbereiche zu oft gleichzeitig oder in enger Nachbarschaft aktiviert werden. Wer also zunächst einen Gegenstand zum Apportieren wirft, dann hinterher ein Zerrspiel veranstaltet, oder wer bei falsch aufgebautem Schutzhundetraining den Hund zunächst in den Ärmel beißen lässt, ihm dann den Ärmel als Trophäe überlasst und danach dann wieder mit einem heftigen Zerrspiel den Hund auf sich fixieren möchte, oder wer eben eine

Spiel kann durchaus auch ungesunde Auswirkungen haben.

Gerade bei jungen Hunden sollte darauf geachtet werden, welche »Geister« man mit welcher Beschäftigung ruft!

ursprünglich spielerische Rauferei dann durch nachfolgende Disziplinierungs- und Erziehungsmaßnahmen in einen ernsten Konflikt überführt, riskiert gerade in Zeiten des pubertären Hirnumbaus (bei den meisten Hunderassen ist dies vorwiegend die zweite Hälfte des ersten Lebensjahres) tatsächlich, dass dann diese eigentlich getrennten Kerngebiete des Gehirns miteinander verknüpft werden.

Von besonderer Bedeutung ist in diesem Zusammenhang auch eine Studie, die bereits 2007 in der Budapester Arbeitsgruppe durchgeführt wurde. Man ließ Angehörige zweier Berufsgruppen von Diensthundeführern (einerseits von der Polizei, andrerseits vom Zoll) heftig mit ihren Hunden spielen, filmte sie dabei und entnahm den Hunden vor und nach dieser Spielszene Speichelproben für eine Bestimmung des Stresshormons Cortisol. Die erste Auffälligkeit ergab sich dann darin, dass die meisten Zollhunde während dieser Spielszenen offensichtlich den Cortisolspiegel senkten, also Stressabbau betrieben, bei den Polizeihunden dagegen stieg mehrheitlich die Cortisolkonzentration während dieser Spielszenen an. Die Auswertung der Videoaufnahmen ergab dann die wahrscheinliche Lösung: Während die Zöllner tatsächlich lustig und begeistert mit ihren Hunden

Bei einem echten Spiel mit dem Ball beschäftigt sich der Hund mit diesem weitergehend, als nur hinter ihm herzulaufen. Er balanciert ihn z. B. über dem Körper, rollt ihn weg, holt ihn zurück und setzt sich variantenreich mit ihm auseinander.

hüpften, tobten und insgesamt ihre lockere, entspannte Stimmung durch Körperhaltung, Lautäußerungen, Luxusbewegungen usw. dokumentierten, versuchten die meisten Polizisten auch während dieser Spielszenen noch den Hund zu maßregeln, zu erziehen, Gehorsamsübungen einzubauen und andere, dem Ernst des Lebens entstammende Handlungen einzubringen.
Wie unser Dichterfürst so schön sagte: »Man merkt die Absicht und ist verstimmt.« Und an diesen Spruch hielten sich dann die entsprechend verwirrten Hunde.

Auch auf den zeitlichen Zusammenhang wird hier an dieser Stelle nochmals hingewiesen. Wie bereits mehrfach erwähnt, dauern Spielszenen bei erwachsenen Hunden selten länger als drei bis vier Minuten, bei Welpen und Junghunden sollte es noch weniger sein. Werden diese Grenzen nämlich nicht eingehalten, entsteht auch im Spielverhalten das Risiko einer Suchtentstehung, nämlich dann, wenn der Überschwang an Dopaminproduktion die Hunde zu stark in einen Rauschzustand versetzt. Und damit sind wir bereits beim nächsten Risiko.

4.3. Hyperaktivitätsstörung

Auch wenn die Untersuchungen des bereits lobend erwähnten Jaak Panksepp und seiner Gruppe einen negativen Zusammenhang zwischen heftigem, temperamentvollem sozialen Spielen in der Pubertät und dem nachfolgenden Risiko einer Hyperaktivitäts- und Aufmerksamkeitsstörung aufgezeigt haben, gilt das eben auch wiederum nur für maßvolles und zeitlich begrenztes Spielen. Die Dosis macht bekanntermaßen auch hier das Gift. Wenn ein Hund regelmäßig durch allzu heftiges, temperamentvolles und allzu lang andauerndes Spielen in einen regelrechten Dopamin- und Endorphinrausch versetzt wird, kann dies zum Suchtverhalten führen wie man es etwa beim Langstreckenläufer kennt, der sich regelmäßig mit mehr als 13 bis 14 Kilometer gerannter Strecke in das bekannte »Runner's High«, also den Rauschzustand des Langstreckenläufers, bringt. Und genau wie beim Langstreckenläufer, der dann plötzlich nicht mehr trainieren kann, wird auch beim plötzlich auf kalten Entzug gesetzten Spieljunkie dann nicht nur die psychische, sondern eventuell auch die körperlich-medizinische Verfassung erheblich bedroht sein.

Die Suchtgefahr für Hunde, die einer allzu heftigen Beschäftigung mit fliegenden Gegenständen ausgesetzt sind und meistens als Balljunkies bezeichnet werden, ist nicht zu unterschätzen. Wenn ein Hund gleichförmig hinter dem Ball herrast, diesen schnellstmöglich zurückbringt, seinem Menschen vor die Füße wirft und dann fiepsend und zitternd darauf wartet, dass er ihn wieder geworfen bekommt, dann ist das eben kein Spielen. Ein mit dem Ball spielender Hund erinnert vielmehr an das, was man etwa bei einem mit Wollknäulen spielenden Kätzchen beobachten kann: er wird den Ball in die Luft werfen, wieder auffangen, ins Gebüsch schleudern, wieder herausholen, eventuell versteckt er ihn sogar und freut sich diebisch darüber, wenn er ihn wiederfindet. Er wird ihn nicht gleich zu seinem Menschen zurückbringen, sondern noch mit ihm eine kleine Runde drehen, ihn möglicherweise spaßhaft dann auch dem Menschen vorenthalten wollen und insgesamt eben über Rollenwechsel, Luxusbewegungen, Selbsthandicap und andere Spielkriterien seine wahre Laune zeigen.

Sobald aber ein Hund beginnt, sich zu verkrampfen, in gespannter Erwartung auf den fliegenden Ball zu starren, diesem hinterher zu hetzen und ihn dann mit Höchstgeschwindigkeit auf dem direktesten Weg sofort wieder zu seinem Menschen zu bringen, ist die Grenze zum Suchtverhalten zumindest bereits sehr nah und bröckelig geworden. Und wie bei allen Suchtpatienten ist eine solchen Erscheinung eben nicht mehr heilbar. Das heißt, man kann den Patienten nur noch trockenlegen. Und da es tatsächlich Fälle von Bällchenjunkies gibt, die in dieser Situation sogar mit Apfelsinen in der Obstschale, mit runden Lampenschirmen an der Zimmerdecke oder in der Fußgängerzone ihre Probleme haben, kann nicht häufig genug auf dieses Risiko hingewiesen werden.

Soziales Miteinander sollte von allen Beteiligten genossen werden können und keine nachhaltig schlechten Gefühle auslösen.

4.4. Zwangsbespaßung

Wie in Kapitel 2 und auch in anderen vorangegangenen Textpassagen bereits wiederholt erwähnt, ist die Freiwilligkeit auf beiden bzw. allen beteiligten Seiten eben ein wesentliches Kriterium für echtes Spielen. Und wenn, gerade in Welpengruppen, eben einem Beteiligten das Ganze keinen Spaß mehr macht, dann kann es dem anderen noch so viel Freude bereiten und die anderen können mit noch so viel Luxusbewegungen, Schaukelpferdgang und schlenkernden Ohren hinter ihm her sein, für den Gejagten oder denjenigen, der eben gerade untergebuttert wird, als Quietschi missbraucht oder anderweitig unangenehme Erfahrungen macht, ist es dann eben kein Spiel mehr und muss sofort beendet werden. Wir kennen genug Hunde, die aufgrund solcher, eben nicht rechtzeitig und verantwortungsvoll unterbrochener Szenen dann eine

Abneigung gegen andere Hunde entwickeln und sich in deren Gesellschaft in der ganzen Zukunft unwohl fühlen. Da aber eben die wenigsten Hundehalter später mit ihrem Hund alleine auf eine einsame Karibikinsel ziehen können, ist es notwendig, dass Hunde sich eben auch in Gegenwart anderer, sogar unbekannter Artgenossen zumindest entspannen und ihrem Alltag nachgehen können. Solche Erfahrungen, wie oben geschildert, können jedoch genau diese Entspanntheit im Umgang mit fremden oder oberflächlich bekannten Artgenossen nachhaltig beschädigen.

4.5 Fazit

Trotz aller hier geschilderten Risiken falsch gemanagter Spielgruppen, ist es trotz und alledem wichtig nochmals zu betonen, dass die positiven Eigenschaften des Spielverhaltens doch die negativen übersteigen sollten. Nur, weil es viele schlechte Lehrer gibt, kann ja niemand das Analphabetentum propagieren. Und weil es viele Menschengibt, leider auch in der Trainerschaft, die mit dem System »Spielverhalten des Hundes« nicht klarkommen, kann niemand ernsthaft den Verzicht auf Spielgruppen, vor allem bei Welpen und Junghunden, fordern. Gerade im Junghundbereich gilt dies heutzutage noch viel stärker. Während im Bereich der Welpenstunden heute die Bedeutung des Spielverhaltens den meisten Übungsleitern und Trainern bereits bekannt ist, sind die Junghundstunden leider immer noch viel zu einseitig auf die Vorbereitung für Begleithundeprüfung, Hundeführerschein und ähnliche Ballettaktionen ausgerichtet. Dabei zeigen nicht nur die oben genannten Untersuchungen von Jaak Panksepp über die Bedeutung des Spielens für die Gehirnformation, sondern auch bereits länger bekannte Tatsachen über die Bedeutung des Spielens in der Pubertät für die korrekte Sexualprägung, wie wichtig Sozialkontakte mit gleich oder ähnlich alten Kumpeln in diesem Zeitraum sind. Die sexuelle Prägung wird bei den meisten Säugetieren nämlich genau zu Beginn der Pubertät am Modell der Spielkumpel im Sozialspiel vorgenommen. Dazu muss es noch nicht einmal sexuelles Spielen sein, auch Sozialkontakte anderer Art in spielerischer Weise dienen dazu, den korrekten Sexualpartner abzuspeichern. Korrekte sexuelle Prägung ist keineswegs nur für zukünftige Zuchthunde wichtig. Hunde, die in jeder denkbaren Situation dann ihren Menschen bespringen und berammeln, sind nun einmal kein Spaß und keineswegs nur wegen eventuell mangelnder Zuchttauglichkeit unerwünscht.

5. WAS SO ALLES ALS SPIEL ANGESEHEN WIRD – ABER OFT WEIT DAVON ENTFERNT IST

Spielstunden

Anruf bei einer Hundeschule

»Bieten Sie auch nur reine Spielstunden an?« »Was verstehen Sie genau unter reinen Spielstunden?« »Nun ja, ich habe einen Welpen, der sollte mit anderen Artgenossen jetzt schön spielen können, damit er sich später immer gut mit anderen Hunden versteht. Deshalb möchte ich keine Hundeschule, denn erziehen will und kann ich ihn selber. Es geht mir nur um das Spielen.«

Nicht nur in Bezug auf Welpen trudeln solche oder ähnlich verlaufende Telefongespräche bzw. Anfragen bei Hundeschulbetreibern ein. Auch in zunehmendem Maße für erwachsene Hunde wird nach Spielstunden gefragt. Ja, die Hundehalter, die nach solchen reinen Spielstunden fragen, haben im Hinterkopf, dass nur die reine Konfrontation mit einer Vielzahl anderer Artgenossen dafür sorgen kann - und dieses sogar automatisch tut! -, dass der eigene Hund sozial verträglich und umgänglich wird oder bleibt. Zweite beliebte Begleiterscheinung von solchen Spielstunden ist die Tatsache, dass man danach mit einem müden Hund nach Hause gehen kann und sich selber nicht sehr anstrengen musste.

Beobachtungen, zum Beispiel auf Hundeauslaufflächen bei Hundetreffs, »Hunde-Spielkreisen« und Ähnlichem sprechen da aber oft eine ganz andere Sprache. Und auch viele Berichte von Hundehaltern, deren Hunde diese angeblich so segensreiche Einrichtung »Spielstunde« wenig begeistert, eventuell sogar körperlich oder seelisch beschädigt verlassen haben, warnen.

Gerade dann, wenn derartige Treffs als offene Gruppen stattfinden, wird eines der wichtigsten Kriterien von Spiel völlig außer Acht gelassen. Häufig kennen sich die Hunde nur oberflächlich oder gar nicht, sodass die Möglichkeit, einander einzuschätzen und sich zu vertrauen, gar nicht

Spielen ist wichtig, gerade für Welpen. Aber nicht ohne Ende und Regeln, überall und zu jeder Zeit!

gegeben ist. Bei begehrten »Spielstunden«, aber auch auf den Hundeauslaufflächen besteht nicht selten das Problem, dass viel zu viele Hunde auf einer viel zu kleinen Fläche unkontrolliert aufeinanderprallen. Spielsequenzen gibt es selten zu sehen, viel mehr aber ein rüpelhaftes Raufen, Hetzen, In-die-Enge-Treiben, Drangsalieren und Malträtieren. Da aber viel Action zu sehen ist, sind die meisten Hundebesitzer davon überzeugt, dass die Hunde schön miteinander spielen und sich

Spielgesicht und überbetonte Bewegungsabläufe kennzeichnen spielerische Auseinandersetzungen.

Mehrhundehalter haben eine besondere Verantwortung, wenn ihre Hundegruppe auf andere Artgenossen trifft.

nach Herzenslust auspowern. Zumindest das Letzte wird der ein oder andere Vierbeiner dabei sicherlich auch tun, aber häufig auf Kosten anderer Artgenossen.

Werden Spielstunden aber kompetent beobachtet und auch kontrolliert (!), treffen sich Hunde, die sich kennen und mögen, sind die Rahmenbedingungen angenehm für alle (!) beteiligten Lebewesen und ist die Anzahl der Hunde gut überschaubar (!), dann werden spielfreudige Vierbeiner durchaus gern die Gelegenheit zum geselligen Miteinander nutzen und genießen. Doch auch beim Spiel geht Qualität vor Quantität und die positiven Auswirkungen des gesamten Geschehens stehen und fallen mit der Kompetenz des/der Moderators/en.

Hundeauslaufflächen

Hundeauslaufflächen oder Hundefreilaufflächen: wie der Name schon sagt, sind diese Flächen ausgewiesen, damit hier Hunde frei, also ohne Leine, laufen können und dürfen. Die Tatsache, dass sich dort Hunde ohne Leine begegnen, ermöglicht zwar jede Menge ungestörtes Kommunikationsverhalten, impliziert aber nicht automatisch, dass sich dort ausschließlich glückseligmachende Spielsequenzen ab»spielen«. Wie bereits gesagt, treffen hier auch Hunde aufeinander, die im normalen Alltag des täglichen Lebens eventuell nichts oder relativ wenig miteinander zu tun haben und sich weitestgehend fremd sind. Somit fehlt eines der wichtigen Kriterien von Spiel, nämlich die Vertrautheit, die Berechenbarkeit, die Einschätzbarkeit des Gegenübers. Dennoch unterliegen viele Hundehalter der romantischen Idealvorstellung, dass auf diesen Freilaufflächen nur fröhliches Spiel und ausgelassenes Treiben vonstattengehen. Die Wirklichkeit zeigt oft etwas ganz anderes. Glück für den Hund, dessen Besitzer die sich dort abspielenden Situationen korrekt einschätzen kann, was ein angepasstes Verhalten dann hoffentlich nach sich zieht: bevor Schlimmeres passiert, wird der eigene Vierbeiner be- und geschützt oder aus dem Geschehen ganz herausgenommen. Dumm nur für diejenigen Hunde, deren Besitzer diese Kompetenz nicht aufweisen. Das Geschehen auf Hundefreilaufflächen ist immer mit besonderer Aufmerksamkeit zu beobachten. Gerade, wenn Personen mit mehreren Hunden und/oder Hundegruppen auf der Bildfläche erscheinen, ist ein besonders wachsames Auge gefragt. Dies sind ja in der Regel Hunde, die einander gut kennen Und entsprechend auch im Kollektiv auf andere Hunde reagieren (können).

Eine weitere kurze Anmerkung zu Freilaufflächen sei gestattet: Die Genehmigung des Freilaufs bedeutet nicht gleichzeitig die Zustimmung aller sonstigen Spaziergänger, Wanderer, eventuell Radfahrer, auch weiterer Hundebesitzer mit frei laufenden oder auch angeleinten Hunden, hier nun unkontrollierte Begegnungen zulassen zu müssen! Die gegenseitige Rücksichtnahme von Hundehaltern untereinander ist leider nicht sehr ausgeprägt. Und das ist bei Zusammenkünften und Aufeinandertreffen immer wieder festzustellen. Komisch eigentlich, das auf der anderen Seite gerade dieses »nette« Miteinander von den Hunden stets abverlangt wird! »Der will doch nur mal guten Tag sagen!«, hört man immer wieder mit Entrüstung im Unterton, wenn man sich unerwünschte Kontaktaufnahmen von frei laufenden Hunden verbittet. Doch ist die Freilauffläche keine grüne Zone für unerzogene Hunde, die dort ihren eigenen Gelüsten nach Herzenslust nachgehen können. Bedeutet im Klartext:

Auch auf einer Freilauffläche sollten diejenigen Hunde frei laufen können und dürfen, die einen Rückruf befolgen und sich im Zweifelsfalle diskussionslos zu ihrem Menschen umorientieren, wenn dieser es einfordert. Auf einer reinen eingezäunten, klar erkennbaren und von Publikumsverkehr weitestgehend freigehaltenen Auslauffläche mag das nicht unbedingt notwendig sein. Auf Kombigelände beziehungsweise auf regional kommunalen Flächen, auf welchen diese Begegnungssituationen mit anderen Mitmenschen möglich sind, muss das eine Selbstverständlichkeit sein.

Freilauf ist toll, doch der Rückruf muss auch klappen, wenn es nötig ist!

FALL BEISPIEL

Jenny

Nicht jeder Hund ist ein »Spiel-Freak«! Manche Hunde genießen eher ein inniges Miteinander.

Jenny war eine mittelgroße Mischlingshündin, die als jugendlicher Hund von den Besitzern aus einem Tierheim übernommen wurde. Mit ihr gab es nie irgendwelche Probleme. Sie verhielt sich stets ausgesprochen freundlich Menschen, Artgenossen, anderen Tieren gegenüber, war lernfreudig und -begierig und verbreitete stets gute Laune. Aufgrund all dieser positiven Eigenschaften waren die Besitzer davon überzeugt, dass Jenny ganz sicherlich auch viel Spaß am Spiel haben würde. Doch was sie auch anboten, Jenny ging eventuell kurzzeitig auf ein Spiel ein, aber eigentlich nur, um dem Gegenüber einen Gefallen zu tun und diesen nicht zu enttäuschen. Zumindest machte es ganz klar diesen Anschein. Traf sie im Freilauf auf Artgenossen, die ihr gegenüber Spielaufforderungen zeigten, verhielt sie sich völlig neutral, war weder eingeschüchtert noch abweisend, sondern wirklich einfach völlig neutral. Eventuell reagierte sie sogar mit einer ganz kurzen Schnauzenzärtlichkeit, doch auf ein angebotenes Spiel ging sie nicht ein.

Sie genoss es im häuslichen Rahmen durchaus mit ihren Menschen zu kuscheln und zu schmusen, doch sobald diese mit ihr ein wenig rangeln wollten, zog sie sich unbeeindruckt, aber auch völlig desinteressiert zurück. Ein rollender Ball, ein fliegendes Spielzeug, ein quietschendes Püppchen – nichts entlockte ihr irgendein Interesse.

Was sie aber mit Begeisterung tat, das war im Garten zu liegen und in den Himmel zu schauen! Stundenlang konnte sie den Vögeln beim Fliegen, den Wolken beim Ziehen, den Blättern beim Wehen zuschauen und dabei dem Rauschen des Windes zuhören. Und bei diesem stillen Tun schien sie ausgesprochen zufrieden, entspannt, ja regelrecht glücklich.

Jennifer war ein Hund, der einfach in sich zu ruhen schien, dieses so auch ausstrahlte, sich selbst genug war. Sie brauchte kein Spiel, vermisste auch offenbar nichts und konnte die Begeisterung für diverse Objekte, mit denen ihre Menschen sie mitzureißen versuchten, nicht so recht nachvollziehen.

FALL BEISPIEL Nelson

Nelson ist nur niedlich! So wie man es sich für einen Welpen vorstellt. Alles an ihm ist tapsig, schlackerig, etwas wabbelig. Und Nelson hat ein nettes Wesen! Er ist offen, aufgeschlossen, an allem interessiert. Und sehr aktiv! In der Welpengruppe freut er sich über seine vermeintlichen Spielgefährten. Doch diese sind nicht uneingeschränkt begeistert, wenn er enthusiastisch auf sie zuläuft. Denn Nelson ist bereits im Alter von erst elf Wochen teilweise um ein Vielfaches größer als die Gleichaltrigen in der Gruppe. Nelson ist eine italienische Dogge – und der Boden bebt, wenn Nelson rennt!

Im weiteren Verlauf von Nelsons Jugendentwicklung wird ihm seine Größe und seine Masse immer wieder zum Verhängnis. Im extra gebuchten Urlaub im Hundehotel an der See mutiert er zum Außenseiter. Die meisten Hunde dort sind kleiner und zarter, gerade die in seinem Alter. Den rauen, kraftvollen Rempelattacken des frühpubertären achtmonatigen Nelson sind sie nicht gewachsen. Bald scheint es, dass sie gerade anderweitig mit wichtigen Dingen beschäftigt sind und gemeinsam von dannen ziehen, sobald Nelson auf der Bildfläche erscheint. Die Besitzer des vierbeinigen Teenagers sind zunehmend traurig. Sie möchten, dass sich ihr Hund gut entwickelt, dabei eben auch freundlichen, sozial positiven Kontakt zu verschiedenen Artgenossen pflegt. Doch das gestaltet sich immer schwieriger. Hundeauslaufflächen aufzusuchen oder sich an offene Spieletreffs zu wenden, behagt ihnen nicht. Sie schauen nach gezielten Spielgruppen bei kompetenten Hundeschulen in ihrer Gegend, finden dort jedoch auch nicht das für sie Passende. Sie entschließen sich, den Radius

Manche Hunde haben es aufgrund ihres Typs, ihrer Größe und ihrer Masse etwas schwerer, einen passenden Spielpartner zu finden.

etwas zu erweitern und landen im Junghunde-Gruppentraining einer Hundeschule, in der es auch vor, zwischen oder nach den Übungseinheiten Freilaufsequenzen gibt. In dieser Hundeschule sind auch andere Vertreter von großwüchsigen Rassen anzutreffen. Hier lassen sich Kumpel für Nelson finden, die seiner Größe und Masse durchaus gewachsen sind. Endlich kann Nelson mit einem Gegenüber rennen, rangeln, spielraufen und Spaß haben. Was er auch sichtlich genießt!

Manchmal kommt in diese Junghundegruppe auch der ein oder andere gestandene, souveräne Althund mit hinzu. Auch mit diesen dürfen die Youngster freien und – im wahrsten Sinne des Wortes – ungebundenen Kontakt haben. Schön ist zu sehen, dass die Verhaltensweisen unter den Gleichaltrigen zu den Verhaltensweisen im Altersgefälle deutlich variieren. Auch dies ist eine wichtige Lernerfahrung, gerade natürlich für die jugendlichen Hunde.

Für Nelson war es nicht zu spät. Er entwickelt sich prächtig, wächst und gedeiht, weist nach wie vor ein freundliches Wesen auf und lernt sogar, seine Kräfte und seine Masse dem Gegenüber anzupassen. Und das ist wichtig!

FALL BEISPIEL

Angie

Auch Angie ist ein Hund einer recht großen, kräftigen Rasse. Ihre Entwicklung im Welpen und frühen Junghundalter verläuft störungsfrei und problemlos. Sie macht ihren Besitzern viel Freude, lernt eifrig in der Hundeschule, verhält sich insgesamt sehr unauffällig und ist ein angenehmer Begleiter im Alltag. Bis zu ihrer ersten Läufigkeit, die sie im Alter von elf Monaten durchlebt, gibt es keinerlei Grund zur Sorge oder auch nur für die kleinsten Bedenken. Sie liebt körperbetonte Spiele, aber auch ausgelassene, energiegeladene Rennsequenzen. Nach vollendetem ersten Lebensjahr verzeichnet sich aber eine Wende in ihrem Verhalten Artgenossen gegenüber, speziell im Freilauf. Immer häufiger kommt es vor, dass sie bei Rennspielen äußerst heftig agiert und ihr Gegenüber regelrecht treibt und hetzt. Dabei zeigt sie eine ausgesprochene Wendigkeit und erreicht enorme Geschwindigkeiten.
Schafft sie es, ihr Opfer zu erreichen, so attackiert sie dieses im Nackenbereich, kickt

es von den Pfoten und verfällt in Beißattacken. Dieses Verhalten wird immer massiver, immer schneller verfällt sie beim Rennen in Beutefangverhalten. In der Interaktion mit anderen zeigen sich bald keinerlei Rollenwechsel mehr. Angie ist die Jägerin und will auch nichts anderes als Jägerin sein.
Schnell wird auch den Besitzern deutlich, dass Angie kein Spiel im Sinne hatte, sondern ihre Artgenossen als Opfer, als potentielle Beute, ansieht, die sie nach Erreichen malträtiert und zu beißen droht. Anfängliche Versuche, dieses Verhalten abzuändern, indem Angie nur noch mit Maulkorb läuft und somit die anderen nicht durch Bisse verletzen kann, scheitern allein aufgrund der Vehemenz des Hundes, der sich mit seiner gesamten Körperkraft auf sein Gegenüber schmeißt, sobald er dies erreicht hat.
Angie lief in der Folge nur noch mit deutlich älteren, sozial korrekt agierenden Hunden, die sie in ihrem Verhalten frühzeitig stoppten. Und auch mit diesen lief Angie nur in Phasen, in denen sie bereits ausgepowert und müde war. Diese Änderung in der Gestaltung der sozialen Kontakte, wurde von den Besitzern und dem begleitenden Trainer ein gutes halbes bis dreiviertel Jahr sehr konsequent eingehalten.
Und es gab ein glückliches Ende für alle Beteiligten, denn offensichtlich war es wirklich eine Phase, wie der Trainer bereits vermutet hatte. Angie behielt ein freundliches Wesen anderen Hunden gegenüber, hatte aber gelernt, sich selbst auch zurückzunehmen und das Beutefangverhalten nicht weiter auszubauen. Selbstbelohnendes und glücklich machendes Rennen bis zum Exzess

Manchmal entwickelt sich aus einem temperamentvollen Rennspiel eine ernstzunehmende Sequenz aus dem Beutefangverhalten.

wurde eingetauscht gegen gezielte Beschäftigungsmaßnahmen, die zum Erlernen von kontrollierten Jagdverhaltensweisen und zur Impulskontrolle geeignet waren.
Und weiterhin beachteten die Besitzer folgende grundsätzliche Regeln:

1.) Angie pflegte soziale Kontakt mit Hunden, die ihr körperlich und mental gewachsen waren.
2.) Angie genoss Freilauf, wenn sie bereits vorher körperlich beansprucht wurde und bereits etwas müde war.
3.) Die Besitzer griffen bei Rennspielen zwischendurch frühzeitig ein, wenn sie beobachteten, dass sich Angie wieder als reiner Jäger aufspielen wollte und sich nicht selber auch einmal zur Jagd freigab!

Diese Hundehalter hatten ein gutes Auge und ein sicheres Gespür für derartige Situationen.
Leider haben das aber nicht alle Hundebesitzer! (Siehe auch weiterführende Erläuterungen bei Aki und Junkie ab Seite 104.)

Bereits bekannte Fälle

Bereits in unserem Buch »Verhaltensbiologie für Hundehalter – Das Praxisbuch« (Kosmos Verlag, 2011), und in der komplett überarbeiteten und ergänzten Neuauflage, die im Herbst 2019 unter dem Titel »Verhaltensbiologie Hund – Praxisbuch« erscheint, haben wir u. a. von Fällen berichtet, die auch hier zusammengefasst Erwähnung finden sollen. Da ist z.B. Aki, dessen ausgesprochene »Ball-Manie« zu einigen Problemen im Alltag führte.

FALL BEISPIEL Aki

Aki ist ein Australian Shepherd-Rüde, der fremden Menschen zumeist mit offener Ablehnung begegnet. Auf Spaziergängen neigt er zu Scheinattacken gegen entgegenkommende Passanten auf der Straße. Dabei hatte Aki auch schon geschnappt. Deshalb wurde ein Trainer zu Rate gezogen, der sich den Hund im häuslichen Umfeld und beim Spaziergang anschaute und videografierte. Im Haus erschien Aki auf dem sprichwörtlichen Sprung, hielt sich auf Distanz, aber reaktionsbereit. Draußen war er neutral bis unmotiviert, bis es auf dem Spaziergang auf eine große Wiese ging. Hier war Aki wie ausgewechselt! Er wurde lebhaft bis hektisch, suchte permanenten Blickkontakt zum Herrchen und sprang ihn an. Die Besitzer erzählten, dass hier immer »gespielt« würde. Und das Spiel bestand aus exzessivem Ballwurf. Herrchen zog einen Wurfball aus der Tasche, schleuderte ihn einige Mal an der Schnur und warf ihn dann in hohem Bogen über die Wiese. Aki sprintete hinterher, brachte ihn zurück und schmiss ihn Herrchen vor die Füße. Da der Hund Bewegung und Spaß braucht, spielte sich dies Szenario mehrere Male am Tag für jeweils rund eine halbe Stunde unter der Kategorie »Spiel« ab. Für die Menschen war es klar, dass der Hund hier mit viel Freude dabei war und das gesamte Geschehen auch für eine gute Bindung zwischen Mensch und Hund sorgen würde. Sie waren sich gar nicht darüber im Klaren, dass es zwischen Aki und ihnen bisher nicht zu einer für alle interessanten Teambildung, also nicht zu einer guten und stabilen Beziehung gekommen war. Das verhaltensbiologisch genutzte Marktplatzmodell, bei welchem jeder der potenziellen Beziehungspartner

Wenn der Ball zum Suchtobjekt wird, ergeben sich viele Probleme.

seine besonderen Fähigkeiten herausstellt und gleichzeitig nach einem Beziehungspartner sucht, der ergänzend dazu andere, ihm fehlende Eigenschaften und Kenntnisse einbringen könnte, macht hier deutlich, dass Akis Halter nicht besonders viel in einen solchen Handel einzubringen haben. Das einzige Miteinander, das Ballwerfen, war weitestgehend austauschbar, eine motorisierte Tennisballwurfmaschine auf computergesteuerter Selbstfahrlafette hätte für diesen Hund die gleiche Wirkung erzielt.

Was Aki zeigt, ist kein Spielverhalten! Würden Mensch und Hund mit einem Ball wirklich spielen, müsste abwechselnd auch der Hund den Ball in die Wiese werfen, der Mensch ihn wieder holen. Der Hund sollte auch einmal mit dem Ball hüpfen, ihn in die Luft werfen, vor sich her rollen, selbst verstecken und mit viel Begeisterung wiederfinden. Und zwischendurch müsste eben auch der Mensch selbiges zur Abwechslung tun. Nur so wäre der für echtes Spiel wichtige Rollenwechsel gegeben. Auch ein breites Objektspiel mit dem Ball sieht anders aus als das, was hier, aber auch in vielen anderen Fällen auf den Hundewiesen, zu beobachten ist. Denke man in diesem Zusammenhang an ein Kätzchen, das mit wirklicher Begeisterung mit einem Wollknäuel spielt. Dessen ständig hin- und herwechselnde, überschießend begeisternde und temperamentvolle Luxusbewegungen passen ganz und gar nicht zu dem hier geschilderten Aki-Verhalten.

FALL BEISPIEL

Junkie

Junkies Geschichte war durch die gesamte örtliche Presse gegangen: Ein Altdeutscher Schäferhund hatte auf einem Hundeplatz beim Agilitytraining einen Sheltie attackiert und getötet. Der wesentlich kleinere Hund erlitt massive Verletzungen, an denen er letztlich verstarb. Es kam zur Anzeige, der Hund musste von Amts wegen begutachtet werden. Junkie verhielt sich völlig unauffällig, nahm seine Umwelt interessiert und aufmerksam, aber keinesfalls abweisend wahr. Der Hund war durchweg freundlich und zugängig. Bis ein Stöckchen vom Boden aufgenommen wurde – und dann ging es los ...!

Junkie zerrte an der Leine, war nicht mehr ansprechbar und verfiel in Hochfrequenz-Jiffen begleitet von kurzen, abgehackten Bellern und Winseln. Er war völlig außer Rand und Band, nicht mehr zu kontrollieren oder zu stoppen, solange der Stock im Sichtfeld war. Den musste er haben! Mit äußerster Vehemenz versuchte er, den Stock zu erwischen. Aus dem umgänglichen Vierbeiner war im Bruchteil einer Sekunde eine tobende Furie geworden. Und das war Junkies Problem und die Ursache für den tragischen Vorfall: Junkie war über Beuteverhalten trainiert worden. Nach jedem Trainingslauf flog ein Spielzeug. Diesmal unglücklicherweise neben den Sheltie ...

Eine Verknüpfung unglücklicher Umstände, wobei im Moment dieser Attacke nicht ersichtlich war, ob es sich um ein fehlgeleitetes Beuteverhalten handelte oder um eine ökologische Konkurrenzmaßnahme, mit der ein unliebsamer, möglicher Konkurrent auf die Beute (Spielzeug) entsorgt werden sollte. In jedem Fall handelt es sich nicht um innerartliche Aggression, die den kleinen Hund das Leben gekostet hat. Die meisten Haushunderassen wurden ursprünglich für ihre jeweilige Arbeit im Zusammenhang mit dem Menschen darauf selektiert, dass bestimmte Elemente der Beutefanghandlung des Wolfes verstärkt, andere dagegen unterdrückt wurden. Die wichtigsten Elemente dieser Beutefanghandlung sind das Orten der Beute, nachfolgendes Fixieren, Anschleichen, Zupacken, Festhalten, Töten und Fressen. Hütehunde, und um einen solchen handelt es sich bei Junkie, sind überwiegend auf den Bestandteil Fixieren, Anschleichen, Zupacken selektiert worden. Das bedeutet, dass diese Elemente der Handlungskette mit einer besonders niedrigen Reizschwelle versehen sind und schon durch sehr geringe Reizstärke ausgelöst werden können.
Eine Verstärkung dieses, ohnehin bei bestimmten Rassen schon vorhandenen Mechanismus erfolgt dann, wenn das Trainieren und Perfektionieren

Auch ein Stock kann im Kopf eines Hundes den sprichwörtlichen Schalter umlegen.

des Jagdverhaltens in der entscheidenden Phase, etwa dem 4.–6. Lebensmonat, forciert wird. Wir wiesen bereits darauf hin, dass durch übermäßiges und/oder unkontrolliertes Training/Spiel mit Ball, Spielzeug oder anderen geworfenen Gegenständen, die entsprechenden Verknüpfungen zwischen auslösendem Ersatzreiz (= Attrappe) und auszulösendem Verhalten (= Jagen, Packen) konditioniert und regelmäßig gestärkt werden. (Siehe hierzu auch Seite 55 > Übung zur Impulskontrolle)
Studien zum Beutefang, z.B. an Katzen, haben folgendes System gezeigt: Jede Verhaltensweise, die ausgeführt wird, erleichtert automatisch den Start der normalerweise in der Handlungskette nachfolgenden Verhaltensweise, indem sie deren Auslösbarkeit durch chemische und elektrische

Prozesse fördert. Wird z.B. die Verhaltensweise Fixieren ausgelöst, ist das nachfolgende Anschleichen bzw. Verfolgen der Beute erleichtert, wenn das Anschleichen bzw. Verfolgen der Beute ausgelöst wird, ist das nachfolgende Zupacken erleichtert. Gleichzeitig wird durch Auslösen des Anschleichens bzw. Verfolgens aber das erneute (zurückliegende!) Fixieren erschwert. Eine Rückorientierung auf noch weiter zurückliegende Teile der Handlungskette ist folglich noch schwerer bis unmöglich. Bildlich gesprochen ähnelt das Ganze einer Lawine, die, einmal losgetreten, mit steigender Geschwindigkeit und Masse immer weniger gestoppt werden kann. Nur im obersten Hangbereich haben Lawinenschutzzäune noch eine Chance! Das ist auch der Grund, warum beispielsweise eine Rückorientierung zum Halter in diesen Fällen, in denen die Handlungskette des Hundes bereits fortgeschritten aktiviert ist, fast nicht mehr möglich ist. Seine Rufe verhallen ungehört und ohne eine Reaktion zu erzielen im Nirwana!

Ist der Hund erst einmal auf die konkrete Fang- und Zupackhandlung programmiert, ist eine Rückkehr in vorangegangene Verhaltensweisen aus der Beutefangverhaltenskette nicht mehr im Programm vorgesehen. (Man denke in dem Zusammenhang an den Fall Angie, Seite 102, und das durch die Besitzer praktizierte frühzeitige Stoppen!)

Sicher wird nicht in jedem Hundesportverein so massiv über das Beuteverhalten gearbeitet, zumindest nicht mit den Hunden, bei denen es offensichtlich negative Folgen mit sich bringt. Im beschriebenen Fall war es leider so, und der Hund musste letztlich für den Ehrgeiz und die Uneinsichtigkeit der Menschen bezahlen.

Was Aki und Junkie verdeutlichen

Offensichtlich werden hier die Entstehungsmechanismen von Suchtverhaltensweisen im Gehirn eines Hundes, wofür gerade Hütehunde anfällig sind. Sie sind mit einer besonders niedrigen Reizschwelle für die ersten Elemente der gezielten Beutefanghandlung eines Wolfes, nämlich dem Fixieren, Verfolgen und Zupacken, ausgestattet. Warum dies so ist, ob eine erhöhte Handlungsbereitschaft oder ein leichter ansprechbarer Filtermechanismus im Gehirn besteht, ist noch nicht geklärt. Doch sind diese Hunde für dieses Verhalten besonders leicht empfänglich. Die gleichgerichtete, schnelle körperliche Bewegung des »Hinter-dem-Ball-Herhetzens« aktiviert mehrere neurochemische Selbstbelohnungssysteme:
Zum einen das Dopamin-System, zum anderen die auch beim Hund mittlerweile nachgewiesenen Endorphine. Beide Botenstoffe, Endorphine wie Dopamin, haben einen hohen Suchtfaktor, da ihre Ausschüttung jeweils mit lustbetontem Erleben gekoppelt ist, und daher sehr schnell und sehr leicht auch die auslösenden Situationen immer wieder angestrebt werden. Jede neue Ausschüttung dieser – und weiterer dazugehöriger – Botenstoffe erhöhen die Handlungsbereitschaft für das betreffende Verhalten in der Zukunft und sensibilisieren die Erregbarkeit und die Auslösemechanismen. Bei Noradrenalin ist diese neuronale Verstärkerwirkung besonders deutlich nachgewiesen. Jedes Mal, wenn Noradrenalin ausgeschüttet wird, sinkt die Reizschwelle bzw. steigt die Handlungsbereitschaft, das gleiche Verhalten in unmittelbarer Zukunft wieder zu zeigen. Gleichzeitig wird auch das betreffende Verhalten gelernt und für die Zukunft als besonders wünschenswerte Handlungsalternative abgespeichert. Dadurch entwickelt sich ein aufwärts gerichteter Kreislauf, es erfolgt ein Sich-selbst-Aufschaukeln dieses Noradrenalin = Kampf- und Aufregungssystems. Bedenken wir die Selbstbelohnungswirkungen von Dopamin und Endorphinen, dann wird das Suchtpotenzial leicht verständlich. Leider entwickelt sich solch Suchtpotential auch bei manchen Formen der Aggression, wodurch die berühmt-berüchtigten Lustraufer entstehen.

Jedes Suchtverhalten zeichnet sich durch Irreversibilität aus. Das bedeutet, dass selbst nach längerem Entzug das betreffende Verhalten nicht wieder einfach auf Basiswerte zurückzuführen ist. Jede neue Präsentation der auslösenden Situation führt sofort wieder zu einer sehr heftigen bis übersteigerten Reaktion. Heilbar ist Sucht bekanntlich nicht, auch nicht bei Dopamin abhängigen Hunden.

FALL BEISPIEL

Fee

Fee ist eine junge Australian Shepherd-Hündin von knapp eineinhalb Jahren, die aufgrund einer Trennungsproblematik bei einem Hundetrainer vorgestellt wird. Sobald die Menschen der Familie morgens die Jacken und Schuhe für den Bürobesuch anziehen, geht das Theater los: Hecheln, Jummeln, Winseln, Bellen, unruhiges Hin- und Hergerenne. Fee ist auffallend gut erzogen, es gibt ansonsten keine Probleme. Früher blieb sie problemlos allein, nach dem Familienurlaub nicht mehr. Gesundheitlich ist sie gecheckt worden, alles ist in Ordnung.

Eine im Haus installierte Kamera ermöglicht die Beobachtung der Hündin in Abwesenheit der Halter. Und diese Kamera ist ein Segen. So wird z. B. schnell offensichtlich, dass das – gut gemeinte! – Überlassen von Futterspielzeugen in der Art, wie es hier gemacht wird, völlig kontraproduktiv ist.
Für Fee liegen mehrere eiförmige Futterspender in der Küche, die aber bei Berührungen mit der Pfote oder der Schnauze nicht nur Futterbröckchen frei geben, sondern kreiselnd durch den Raum schießen. Diese Bewegungsreize, von denen sich Fee natürlich motivieren lässt, um in der Folge ständig hinter diesen Dingern herzujagen, lösen eine ungeheure Hektik aus und führen dazu, dass Fee völlig unter Stress gerät und in regelrechte »Treib-Stereotypien« verfällt. Sie läuft in der (großen!) Küche nur noch im Kreis und durchbricht ihr Verhalten durch die Kauattacken an allem, wo es möglich ist. Sie beißt sich sogar durch ein Metallgitter, mit dem der Durchgang zum Wohnzimmer versperrt ist.

Die von den Besitzern unbewusste Animation zur Hyperaktivität, führt zu einem ständigen, aber eben frustrierten Bewegungsbedarf. Im folgenden Trainingsansatz erhält Fee alternativ Knotentaue und Flechtspielzöpfe aus Baumwolle, in denen Futterbrocken stecken, die sie herauspuzzeln kann. Das klappt extrem gut, sie ist dabei geistig beschäftigt, wird körperlich aber überwiegend statisch ruhig gehalten, da sie die Taue liegend oder stehend mit den Pfoten festhält. Keine Bewegungsreize, kein hektisches Laufen, kein physikalischer Stress, der sich aufbaut.

Mittlerweile ist Fee wieder vormittags allein, sucht die Futterbrocken aus den diversen Tauen und legt sich nach erfolgreichem Tun sogar in ihren Korb oder sonst wo in die Küche und ruht! Noch vor kurzem undenkbar. Der Anfang ist gemacht und erweist sich bislang als recht vielversprechend. Hier ist also die Einschränkung des Bewegungsspielraums, insbesondere aber die Veranlassung zu langsamer, nicht mit schnellen Muskelaktivitäten verknüpfbaren Form des Futtersuchens der entscheidende Faktor gewesen.

FALL BEISPIEL Brownie

Brownie kam als Welpe zur Hundeschule. Er ist ein Border Collie in schönem Rot-Braun-Weiß. Beim Kennenlernen war er gut elf Wochen alt. Er war extrem menschenbezogen, verfiel jedoch in regelrechte Schreikrämpfe, wenn ihm ein Artgenosse entgegenkam. Die anderen Hunde in seiner Gruppe waren allesamt in seinem Alter, von relativ gleicher Größe und insgesamt eher sanfter und vorsichtiger. Beim ersten Zusammentreffen hielt er sich deutlich abseits, suchte mehr die Gegenwart von Menschen auf, von denen er sich gerne und ausgiebig streicheln und knuddeln ließ. Das ist durchaus nicht ungewöhnlich, legt sich aber meist bereits in der zweiten Woche komplett.

Brownie war vorher drei Mal in einer anderen »Welpengruppe«, wo viele Hunde in unterschiedlichen Altersstufen von acht Wochen bis zu einem Dreivierteljahr beisammen waren.
Die älteren Hunde waren mit in der Gruppe der jüngeren, weil sie kleinwüchsiger waren und es, laut Aussage des dortigen Trainers, für sie besser wäre, mit den ebenfalls noch kleinen, jungen Hunden zu laufen, da er sonst für sie keine Gruppe hätte und sie nicht würde verlieren wollen. Es war wohl ein relativ unüberschaubares Gewusel, bei welchem sich Brownie und seine Menschen von Anfang an nicht wohlgefühlt hatten, es immer wieder zu Rangeleien und Raufereien mit viel Gewinsel, Gejaule und Geknurre kam und sie deshalb die Hundeschule wechselten.

Auffallend bei Brownie war ein ausgeprägter Grauschimmer, der sich über sein gesamtes Fell zog, so wie die Tatsache, dass er extrem dünn war. Auf Nachfrage berichteten die Besitzer allerdings, dass es mit der Verdauung keinerlei Probleme gäbe, keine Durchfälle, kein Erbrechen, und dass Brownie auch zügig seine vier Mahlzeiten pro Tag wegfuttern würde. Und die Mahlzeiten seien nicht winzig. In der nächsten Woche zeigte sich im Prinzip genau das gleiche Verhalten wieder, Brownie schien allerdings noch dünner geworden zu sein. Der Trainer suchte nach der Gruppenstunde das Gespräch mit den jungen Besitzern und riet dringend zu einer tierärztlichen Untersuchung unter Mitnahme von Kot und Urin, da sowohl das graue, stumpfe, spröde und struppige Haarkleid, als auch der extremst magere bis fast ausgemergelte Körper des jungen Hundes auffällig waren. Auch das unveränderte Verhalten auf andere Hunde, die nur Brownies Richtung einschlugen, sich aber immer noch in deutlicher Entfernung aufhielten, war merkwürdig. Die Besitzer kümmerten sich um alles, doch dauerte es noch einmal

fast zwei Wochen, bis alle Ergebnisse vorlagen. Und diese Ergebnisse waren erschreckend: Brownie war extrem verwurmt, was sich aber nicht in Durchfall, Afterjucken oder auffälligem Kot gezeigt hatte. Der junge Hund wurde regelrecht von innen aufgefressen, muss auch ausgeprägte Bauchschmerzen gehabt haben. Er dürfte sich mehr als unwohl gefühlt haben, was ihn auch Artgenossen offenbar als etwas unangenehmes erleben ließ. Dazu die negativen Erfahrungen in der ersten Hundeschule, bei welchen es für ihn sicherlich aufgrund des Gesundheitszustandes und der rauen Abläufe auch noch öfter schmerzhaft zuging. Sein Fazit war daher: Artgenossen sollten besser gemieden werden.

FALL BEISPIEL Isi und Feli

Faible für Objekte – aus unterschiedlicher Motivation

Isi ist ein kniehoher Mischling, der nichts mehr liebt als Spielzeug. Teddys, Püppchen, Spieltaue, Kauringe, Kongs, Bälle, alles wird begeistert bespielt. Es wird in die Luft geschmissen, gefangen, gekollert und verfolgt, sich selbst versteckt und wieder hervorgeholt, bekaut, getragen, bestupst. Isi freut sich, wenn es etwas Neues gibt. Dann wird sich zwei Wochen lang nur und

ausgiebig mit diesem neuen Spielzeug beschäftigt, bevor danach auch die alten Sachen wieder ins Interesse rücken. Das Nonplusultra für Isi ist aber Fußball mit Herrchen! Und wer es nicht sieht, der glaubt es kaum: Isi stuppst mit der Nase, aber mindestens genauso gut mit der Pfote! Und Herrchen kickt zurück. Die Beiden sind ein echtes Expertenteam, schießen sich die Bälle zu, täuschen an und tricksen sich auch mal aus. Als Torwart macht sich Isi auch ganz gut, nur selber auf ein Tor zu schießen, das hat sie noch nicht so ganz begriffen. Lieber zielt sie mit ihren »Schüssen« aufs Herrchen.

Feli ist ebenfalls ein mittelgroßer Mischling. Und auch sie begeistert sich für Spielobjekte. Doch besteht ihre Beschäftigung mit derartigen Dingen darin, diese in ihr riesiges Hundebett zu schleppen und sich selbst dann obendrauf zu legen. Dort liegt sie dann und beäugt intensiv, was um sie herum passiert. Die Besitzer finden das Tun ihres vierbeinigen Mädchens »total niedlich« und verteilen bei jeder Gelegenheit alles wieder und verstecken Dinge auch im Haus. Feli wird regelrecht hektisch, wenn sie etwas nicht sogleich findet und sucht beharrlich, bis sie Erfolg hat. Die Besitzer halten das alles für eine geniale Beschäftigung des Hundes und freuen sich, dass Feli so »spielbegeistert ihre Sachen selbst aufräumt«. Doch mit der Zeit verändert sich Felis Verhalten, wenn sie auf ihrem Spielzeughaufen im Hundebett liegt. Zuerst bemerken die Besitzer kaum den starrer werdenden Körper, den fest auf sie gerichteten Blick und das leise unterschwellige Knurren, wenn sich jemand in Richtung auf das Hundebett, welches im Wohnzimmer neben der Couch steht, zubewegt. Doch dann ist es nicht mehr zu überhören. »Hat die mich gerade angeknurrt?« »Ach, quatsch, das gehört bestimmt zum Spiel dazu!« Doch für Feli ist es kein Spiel und war es von Beginn an nicht. Feli hortet und bewacht ihren Besitz! Das Verhalten, welches sie an den Tag legt, zählt zur Wettbewerbsaggression und ist vom Spielverhalten so weit entfernt wie der Nord- vom Südpol, vielleicht noch weiter.

Den Hintergrund von Felis Verhalten, welches für Felis Menschen immer noch ein »lustiges Spiel« ist, haben die Besitzer erst nach ausführlichen Erklärungen und dem Anschauen offenlegender Videosequenzen durchschaut.

FALL BEISPIEL

Betsy und Tapps

Wohlwollender Gefallen oder unfairer Egoismus? –
Betsy ist mittlerweile gut elf Jahre alt und zeigt hier und da das, was eben alte Hunde so zeigen: Sie wird langsamer, sie wird gemütlicher, sie wird insgesamt wesentlich ruhiger und ist froh, wenn sie viel ruhen und dösen kann. Sie braucht keine überwältigenden Abenteuer tagtäglich mehr zu erleben. Die Besitzer sehen noch oft das energiegeladene Bündel Hund in der Erinnerung, welches ständig nur rennen, springen, herumtoben, aktiv sein wollte. So war Betsy in den früheren Lebensjahren. Das mit dem Alter nun auch vermehrt Ruhe und Gemütlichkeit einkehren, ist für die zugehörigen Menschen etwas schwer zu ertragen, denn es kündigt unübersehbar auch vom Voranschreiten der Zeit. »Eines Tages wird Betsy unser Leben nicht mehr teilen.« Eine leichte Panik macht sich breit.

Langsam, aber sicher, wächst eine Idee in den Köpfen der Menschen heran. Bestimmt würde Betsy sich freuen, wenn sie im eigenen Zuhause einen Spielkameraden bekommt. Bestimmt wird sie dadurch wieder etwas aktiver! Bestimmt wird sie dadurch wieder etwas spielfreudiger! Bestimmt schätzt sie den 24/7-Kontakt zu einem Artgenossen! Bestimmt ist das eine tolle Idee, die nur zu Betsys Gutem in die Tat umgesetzt wird.
Tapps, ein zehn Wochen alter Welpe, zieht ins Haus. Alles dreht sich fortan um den kleinen, wuseligen Wirbelwind. Mal ist er hier, mal ist er dort. Ruhe gibt es in dem Haushalt quasi gar nicht mehr. Und Betsy? Wie äußert sich ihre Begeisterung? Überhaupt nicht! Ganz im Gegenteil. Betsy zieht sich immer mehr zurück. Tapps dafür im Gegenzug wird immer aufdringlicher und immer unverschämter der älteren Hündin gegenüber.
Als Tapps vier Monate alt ist, wehrt sich Betsy vehement. Sie weist ihn in seine Grenzen, legt völlig ungebührlichem Verhalten einen Riegel vor.

Doch das erhoffte innige Miteinander, welches die Menschen so zwangsläufig vorausgesetzt hatten und als automatisch gegeben betrachteten, stellt sich nicht ein. Auch nicht im weiteren Verlauf der nächsten Monate. Es verdichtet sich der Anschein, dass Betsy sich bewusst von Tapps fern hält, nun aber auch zunehmend eine Distanz zu ihren Menschen aufbaut, da diese meist mit Tapps beschäftigt und in gegenseitiger Nähe befindlich sind. So war es eigentlich nicht gedacht …
Häufig stellen sich Hundebesitzer die Frage, ob sie zu ihrem in die Jahre gekommenen alten Hund einen jungen Hund hinzunehmen sollten. Wie so oft, kann man auch hier pauschal weder zu- noch abraten. Es gibt Hunde, die die Gesellschaft eines jungen Hundes durchaus schätzen

Nicht jede gestandene Hundepersönlichkeit ist begeistert von einem quirligen Jungspund. Diese beiden hier aber genießen das Miteinander.

und genießen (können/wollen). Für diese Hunde **kann** ein neu in die Familie kommendes Lebewesen auf vier Pfoten ein wahrer Jungbrunnen werden. Doch es gibt auch die Hunde, die gerade im Alter ihre Ruhe und ihre innige Verbundenheit mit ihren Menschen lieben, wertschätzen und brauchen. Und dies nicht teilen wollen! Diese Hunde empfinden einen weiteren, neu hinzukommenden Artgenossen unter Umständen als Eindringling, als Störenfried. Während die einen aufblühen, können die anderen regelrecht verkümmern.

Grundsätzlich **muss** immer abgeklärt werden, warum überhaupt der Wunsch nach einem Zweithund dann aufkommt, wenn der erste Hund schon relativ alt ist. Häufig sind es wirklich egoistische Gründe des Menschen, die sie aber im Sinne von »Wir-tun-unserem-Hund-einen-Gefallen« projizieren. Letztlich ist oft eher die Angst vor dem alleinigen Zurückbleiben nach dem Tod des geliebten Vierbeiners der Grund für die Überlegung und die Triebfeder der Anschaffung eines weiteren Hundes.

Auch muss überlegt und bedacht werden, wie gesellig bzw. Gesellschaft suchend grundsätzlich der Senior ist. Ist es eher ein Ruhe bedürftiges Seelchen, womöglich hier und da schon mit dem einen oder anderen Zipperlein ausgestattet? Eine graue Schnauze, die lebhaftes Treiben um sich herum mehr belastet als belustigt? In diesem Falle macht es sicherlich mehr Sinn für alle Beteiligten, die gemeinsame Restzeit in trauter Verbundenheit, ungestört und mit einem hohen qualitativen Anspruch zu erleben. Oder ist der Senior eine regelrechte »Party-Granate«, bei welcher sich das vorangeschrittene Alter überhaupt nicht oder nur in geringem Maße bemerkbar macht, der jeder Spielaufforderung und jedem sozial positiven Kontakt gern und ausgelassen folgt und immer für ein Spiel zu haben ist? Dieses Naturell könnte durchaus einen Kumpel im eigenen Hausstand zu schätzen wissen.

Was Friedrich Schiller feststellt, darf als analog für den Hund geltend angesehen werden:

»Der Mensch spielt nur,
wo er in voller Bedeutung des Wortes Mensch ist,
und er ist nur da ganz Mensch,
wo er spielt.«

(Über die ästethische Erziehung des Menschen)

SCHLUSSWORT

Spaß haben, Spaß erleben, entspanntes Miteinander und ausgelassenes Tun, all das sind Dinge, die nicht nur den Menschen gefallen, deshalb sollten wir sie auch unseren Hunden gönnen. Spielen ist wichtig, verhindert Langeweile, stärkt die soziale Kompetenz von Lebewesen, schult, trainiert, macht fit fürs Leben. Zu Risiken und Nebenwirkungen beobachten Sie Ihren Hund und achten auf seine Reaktionen!

Spaßverderber gibt es auf zwei Beinen wie auf vier Läufen. Diese zu erkennen, fällt dem Leser nach der Lektüre unseres Buches nun hoffentlich leichter.

DANKSAGUNG

Udo: Ich danke zunächst wieder meinem fleißigen Schreibteam Gianna Jann und ihren Recherchehelferinnen und meiner Organisationsassistentin Franziska Ortmeier. Ohne deren gesamte Arbeit im Hinter- und Untergrund könnten weder unsere Forschungsprojekte noch die Bucherstellungen laufen.

Dazu all den Kolleginnen und Kollegen aus Wissenschaft und Praxis und vielen Hundemenschen, die immer wieder neue und verblüffende Beobachtungen und Ergebnisse berichten.

Und letztlich meiner wundervollen Co-Autorin, mit der ich nun schon das halbe Dutzend gemeinsamer Projekte überschreiten durfte!

Petra: Vielen Dank, lieber Udo, für Deine netten Worte! Ich schätze unsere langjährige und stets produktive Zusammenarbeit sehr und schaue gespannt in die Zukunft auf weitere gemeinsame Projekte!

Auch unserer Lektorin Claudia König gebührt Dank für die gewohnt unkomplizierte Zusammenarbeit.

Von Herzen danke ich all den tollen Hunden und ihren Menschen, ohne die unsere Seminar- und Buchangebote kein Gegenüber finden würden. Und gerade aus diesem Gegenüber wird immer wieder ein geschätztes Miteinander! Danke!

Quellenangaben

Bloch, Günther: **Die Pizza-Hunde.** Kosmos, Stuttgart, 2007

Brensing, Karsten: **Die Sprache der Tiere.** Aufbau Verlag, 2018

Brensing, Karsten: **Wie Tiere denken und fühlen.** Loewe Verlag GmbH, 2019

Fischer, Martin S. & Lilje, Karin E.: **Hunde in Bewegung.** Kosmos, Stuttgart, 2011

Gansloßer, Udo: **Verhaltensbiologie für Hundetrainer.** Kosmos, Stuttgart, 2019

Gansloße, Udo & Käufer, Mechthild: **Auszeit auf Augenhöhe.** Kosmos, Stuttgart, 2017

Gansloßer, Udo & Kitchenham, v: **Beziehung – Erziehung – Bindung.** Kosmos, Stuttgart, 2015

Gansloßer, Udo & Kitchenham, Kate: **Hundeforschung aktuell.** Kosmos, Stuttgart, 2019

Gansloßer, Udo & Krivy, Petra: **Verhaltensbiologie Hund – Praxisbuch.** Kosmos, Stuttgart, 2019

Gansloßer, Udo & Krivy, Petra: **Ein guter Start ins Hundeleben.** Müller Rüschlikon, Stuttgart, 2014

Käufer, Mechtild: **Spielverhalten bei Hunden.** Kosmos, Stuttgart, 2011

Krivy, Petra: **Lernen – mal anders.** Müller Rüschlikon, Stuttgart, 2018

Krivy, Petra & Gansloßer, Udo: **Mein Hund – dominant und ungebunden.** Müller Rüschlikon, Stuttgart, 2018

Krivy, Petra & Lanzerath, Angelika: **Hunde verstehen.** Müller Rüschlikon, Stuttgart, 2018

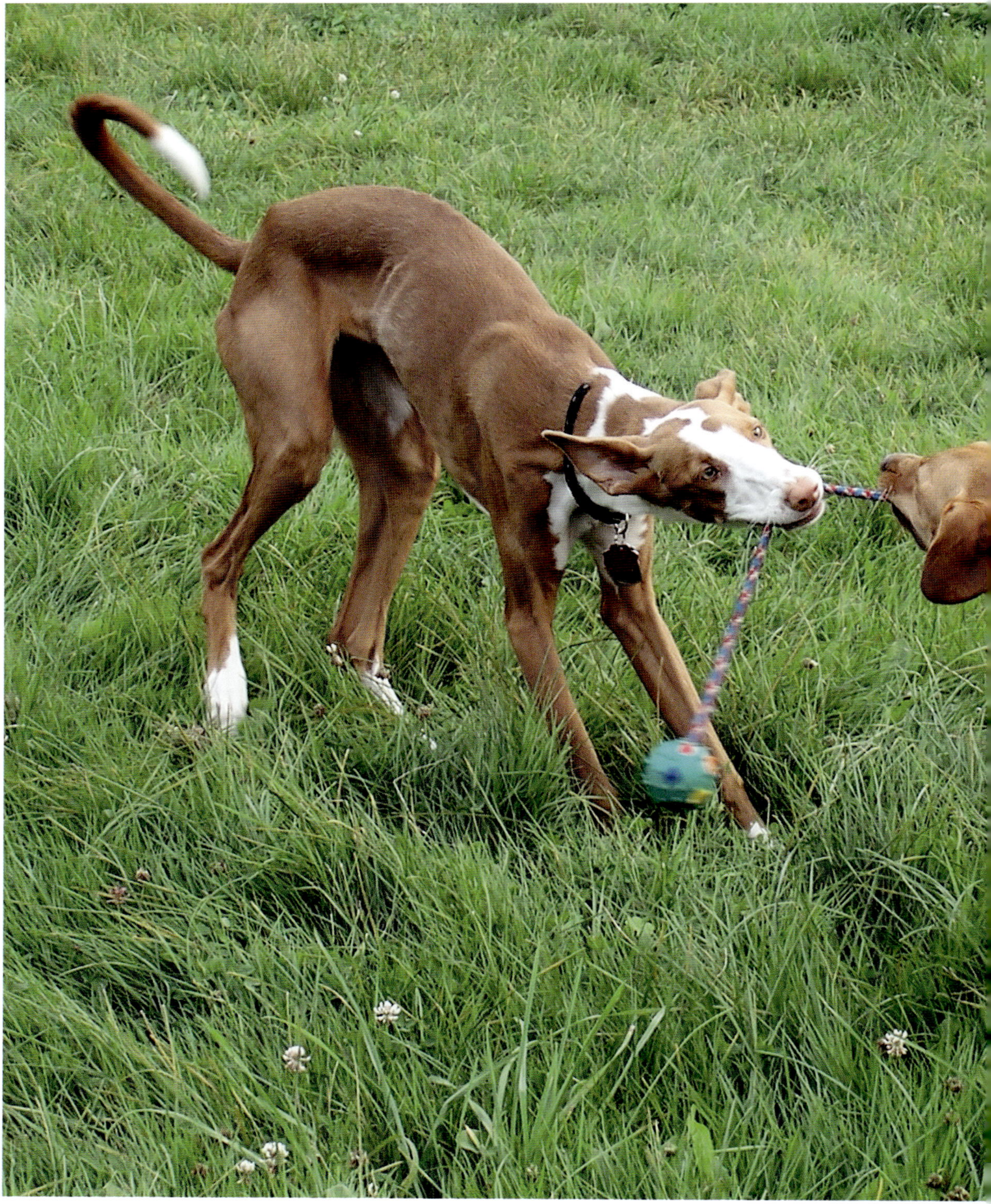

Nennenswerte Adressen

Hundeschule Tatzen-Treff
Petra Krivy
Zur Grube 2
57399 Kirchhundem
www.tatzen-treff.de
E-Mail: info@tatzen-treff.de

Funda-Fotografie
Susann Funda
Parkgasse 2
39418 Staßfurt
http://funda-fotografie.de

Tierverhaltensmedizinische Beratungsstelle
Einzelfelle / Filander Verlag
PD Dr. Udo Gansloßer
Bremer Str. 21a
90765 Fürth
www.einzelfelle.de
E-Mail: info@einzelfelle.de

DER HUND Club

Trainieren – Helfen – Sparen

- Jeden Monat **DER HUND** als Heft, ePaper + App
- Trainieren mit neuen Profi-Videos
- Rabatte & Aktionen
- Tierschutzprojekte
- Persönlicher Austausch mit unseren Experten
- Große Online-Mediathek
- Kostenlose Clubtreffen

Schau mal rein: www.club.derhund.de

Spare 25,–€!

Großer Nutzen für kleines Gel

Mit dem **Gutschein Code SPARE25** zahlst D
im ersten Clubjahr **nur 65,- € statt 90,- €** un
kannst **alle Club-Vorteile sofort nutze**

„Daumen hoch für den DER HUND Club. Hier bekommt ihr alles, was Hundehalter brauchen, zu einem unschlagbaren Preis. Das lohnt sich richtig! Unbedingt ausprobieren!“

Holger Schüler ist einer der bekanntesten Hundetrainer, „Der Hundeversteher“ im SWR-Fernsehen und Der HUND Club-Experte.

Unterstützt von:

Uelzener VERSICHERUNGEN Mensch.Tier.Wir.

Josera

Halfpoint/stock.adobe